酒之風月

100種雞尾酒調法

修訂版

鍾秀敏 ｜著

酒之風月

　　莫許盃深琥珀濃，未成沉醉意先融；自古以來，酒對於人，一直帶來無窮的想像與歡愉。酒意詩情誰與共？酒闌歌罷玉尊空，暖雨和風初破凍。(出自宋李清照)

　　明月幾時有？把酒問青天。人間如夢，一尊還酹江月，道盡了大文豪蘇東坡無盡的心思。人生得意須盡歡，莫使金樽空對月。我醉君復樂，陶然共忘機。青天有月來幾時？我今停杯一問之。唯願當歌對酒時，月光長照金樽裏；更是大詩人李白的瀟灑豪氣。對酒當歌，人生幾何？把酒祝東風，酒深情亦深，人生何處似樽前！

飲料是人生中不可或缺的生活調劑品；不同的飲料在不同的時間與場合中，分別扮演著不同的角色。寒冷的冬夜裡，一杯熱騰騰的茶或咖啡，會令人倍感溫馨；而在酷熱難當的夏日午後，一杯清涼爽口的飲料，不僅沁人心脾，更令人暑氣全消。在家庭中自製飲料，如能隨時為家人或朋友奉上一份驚喜，又何樂而不為呢？

　　飲料DIY其實並不難，只要一些簡單的器具與技巧，有時再加上一點巧思，即可隨興調配出一杯香醇的咖啡或浪漫的雞尾酒，經濟實惠不在話下；當親朋好友來訪時，也能夠端出一杯親手調配的飲料，除了表現出主人的熱情與生活品味，更有助於賓主之間的談興。

　　酒自古以來即為文人雅士之所愛，與人類的歷史文明有著密不可分的關係，時至今日，更成為日常生活中少不了的一種飲料；生活中有一點兒酒，可以怡情與滋潤心靈，也是人與人之間感情的潤滑劑。

　　人類釀酒、飲酒的歷史，可以追溯到四千多年前的古埃及時代，而在中國，為數不少的唐宋詩人，更是因酒而締造文學史上最光輝燦爛的一頁。到了現代，人們更發展出一門調酒的藝術。而調酒的藝術，除了帶給人們味覺與視覺的享受之外，更具有滋潤心靈，交流情感的功能。換言之，學習調酒不僅增進個人的生活品味與涵養，並可藉此調和生活步調，而更能品味及欣賞人生．想讓生活多彩多姿嗎？就動手從一杯雞尾酒開始吧！

　　本書以調酒和品酒為主題，並結合了專業的攝影與設計，希望為讀者提供更高的生活層面，讓讀者在接收到豐富的資訊之餘，還擁有不同於以往的另類享受！

美酒DIY

推薦序　Preface

　　酒是多面貌性的嗜好品，在不同角度有不同看法；酒對一個營養學者而言是熱量來源，每一公克含七大卡路里還有若干維生素與礦物質，近年來紅葡萄酒富含類黃酮素有預防動脈硬化功能廣受重視；醫師又說如酒少酌有益健康，因為會提升高密度脂蛋白，有利於預防心血管疾病與促進血液循環；反之若酗酒則導致酒精性肝炎、肝硬化等。

　　食品科技學者會對酒的色香味大加評論，對釀造科技原料來源產地、天候、水質特別講究，而思及如何提升品質、增加產量以賺取外匯。

　　一般民眾原本在傳統飲食文化孕育下，只對各國傳統美酒情有獨鍾，如中國紹興酒、茅台酒、高粱酒、德國啤酒、法國葡萄酒、英國威士忌、日本清酒。但由於近代交流日增，世界村的形成，大家已經對他國美酒一樣的喜好，甚至還有新奇之養生美容酒陸續推出，可謂琳琅滿目。當然，一般家庭主婦更關心廚房裡的仍是去腥增香紅標米酒之供應與價格問題。

　　文人雅士想到酒，就會想到詩仙李白，因酒能助詩興，詩增酒趣；想到武士勇將會憶及勝利時之暢飲或楚王離別易水畔，「壯士一去兮不復返」，一飲而別之悲戚情景。而「紅樓夢、貴妃醉酒、鴻門宴」之巨著劇目，也無不與酒有關而能深深打動人心。

　　近百年來，更因美國南北戰爭後興起雞尾酒，在台灣也廣泛受到青年人喜好，而調酒技術學習風也在校園內傳開，深受年青人歡迎。尤其自從週休二日之後，觀光休閒風氣也被帶動，因此更有必要為「酒」增添一些藝術性、社交性與浪漫性氣氛，可讓調酒自娛娛人，一如日本茶道一樣。因此教一般人如何品酒與調酒是非常重要的。

　　然而環顧坊間鮮有調酒DIY書籍，而本書《酒之風月》圖文並茂、印刷精美、趣味橫生，確是讓人喜愛與賞心悅目。作者鍾秀敏講師不僅輔大科班出身，且擁有美國餐旅碩士學位，是深受學生喜愛的好老師，以其多年教學與實務經驗寫就此書，本人忝為輔大教授，當年結下師生緣，現在又為同事緣，受其託為之作序，深感榮幸，更佩服其努力與才能，樂於為之推薦。相信對從業人員或一般初學者將是很好的參考書或教材，更期待能適當地善用「酒」來提升國人健康及文化水準，並促進人際關係的互動。

前輔仁大學校長
中華民國營養學會理事長

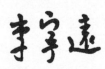

情調生活

　　現代社會的趨勢是追求豐富多樣化的生活；「飲食」與「娛樂」在全世界流行，也被強烈地需求著。結合飲食與娛樂成為休閒生活奢侈性的商品，也是時下流行時髦的產物──任何屬於酒的文化。「酒宜人生」的確延續了中國數千年來千變萬化璀璨絢麗的酒文化。而一瓶酒本身的變化不大，但是若憑藉著這瓶酒所變化出耐人尋味的飲料可以有上千萬種，於是這變化出來所代表的是：飲酒時的品味、氣氛和格調等，在在都顯示當今社會崇尚悠閒情調的生活。結果，酒類飲料多元變化的需求性是愈來愈加強烈了。

　　認識鍾老師是數年前的事情，那時，我甫接商學院院長一職，而鍾老師則是觀光學系的新任講師，亦是行政院青輔會獎勵的歸國學人；在她的身上永遠可以看到一股青春活力與熱情洋溢，而事實證明，她深受莘莘學子的喜好與愛戴。年輕有為且有幹勁的她，

在執鞭數年後，不免應邀在報章雜誌上開設專欄而彙集成書。從她所主持的調酒班，亦可以看出社會人士對酒類知識文化的渴望需求；本書《酒之風月》便是以淺顯易懂的方式以回應大眾，單以藝術欣賞的眼光就足以值回票價。

　　吾人深知：鍾君以其專業的態度精神完成此書；是值本書付梓之際，特致數言予以推薦。吾人有幸為之作序，謹以此贈予天下知酒愛酒惜酒之人：一本好書、一杯好酒，興致來時，隨心所欲，真的其樂無窮！

前文化大學商學院院長　謝安田

酒深情更深

自序　Myself

欣賞及品飲酒類文化，是一種藝術的休閒活動；除了本身視覺、味覺、嗅覺的感官享受之外，藝術性的品味與鑑賞，以及飲酒時的氣氛和心情，皆構成現今社會的新潮象徵。或許，隨著國際游牧文化的風行，帶著西方文化色彩的雞尾酒，溶入了台灣本土文化，在邁向新世紀的時代裡，演化出相當繁複多元的品飲文化。

當然，在這個瞬息萬變的流行時尚裡，無可否認的時代趨勢是愈來愈講究的個人品味與風格。所謂品酒，除了個人的喜好之外，對於酒類的品嚐認知及鑑賞能力，足以涵養出一個人對於文化藝術的欣賞態度。也就是說，除了可以培養內在美，更可以建立起個人獨有的品味與風格。調酒就是在品酒之餘，能有創新發明的傑作。當然，在自己動手調酒之前，要先瞭解其他聞名於世、深受好評的雞尾酒；因為享有盛名的雞尾酒，必有其成功及誘人之處。如此一來，呈現出來的酒類文化，將更有其獨到之處，也涵括了個人的品味與風格。

藝術的最高境界，是一條走向唯美的路；生活中的藝術，是藝術與心靈的結合，美麗、優雅、快樂與幸福滿足之感。

生命在熊熊火焰裡------百經淬鍊，在歷經磨練後的美麗人生，逐漸展現出智慧華光；於是對於真的追求、善的執著與美的感動，自然表現展露於生命無形之中。在此無形的心境下，十多年前，《酒之風月》的初誕生，猶如「生於夏花之絢爛」。透過創作與創造的能力，把孔聖賢「游於藝」的境界表露無遺；悠遊自在的人生遊戲，享受心靈中無限美感、喜悅與滿足。

這十多年來，也承蒙感謝廣大讀者們的厚愛，讓本書銷售一刷再刷，不得不增訂再版以回饋熱愛本書的讀者。當然，這些年，飲酒知識與文化的提升更加蓬勃發展，追求藝術與美感的能力，亦是不在話下，增訂版的《酒之風月》更是至情至性的表達出來。花氣酒香清厮釀，花腮酒面紅相向，風花雪月的美麗情愛令人動容，雋美的情歌情話，曲曲動人、字字感人肺腑；美酒入喉，一樣深深地令人感動不已。酒深情更深，把酒言歡，讓我們永遠共同分享彼此的喜悅與幸福！！

目錄

Contents

調酒器的認識

雪克杯

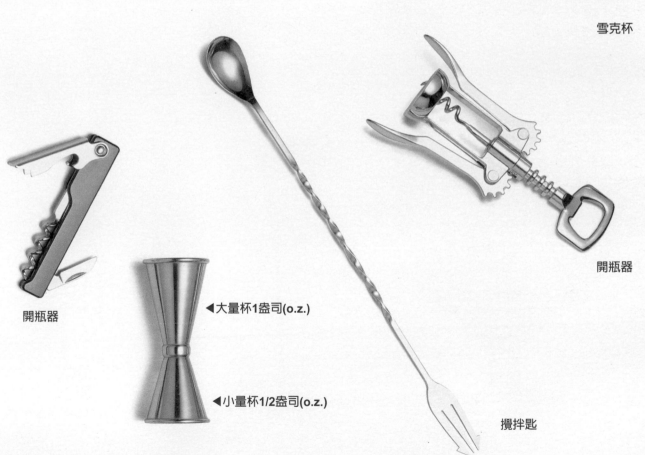

開瓶器

開瓶器

◀大量杯1盎司(o.z.)

◀小量杯1/2盎司(o.z.)

攪拌匙

杯子風情

白蘭地杯
Brandy Class

長型香檳杯
Champagne Glass

雞尾酒杯
Cocktail Glass

紅酒杯
Red Wine Glass

白酒杯
White Wine Glass

沙瓦杯
Sour Glass

可林杯
Collins

高球杯
Highball

果汁杯
Juice Glass

老式杯
Old Fashioned

利口酒杯
Liqueur Glass

啤酒杯
Beer Glass

酒類常識

Introduction For Beverage

一.Beverage 飲料分類

1. 酒精飲料Alcoholic Beverage(Hard Drink)

   例：Wine,Whisky, Brandy, Gin, Liqueur.

2. 非酒精飲料Non Alcoholic Beverage (Soft Drink)

   「碳酸飲料 Carbonated Beverage　例：汽水、可樂、蘇打水…等

   └非碳酸飲料 Non Carbonated Beverage　例：果汁、牛奶、茶、咖啡…等

二. 飲酒名稱：

「Sweet Drink：溫和的飲料，低酒精或非酒精的飲料　例:Wine, Beer.

└Dry Drink：烈酒、辣酒或高酒精的飲料

「Long Drink：慢慢喝，慢慢飲用的飲料　例：啤酒、果汁、或混合調配的飲料

└Short　Drink：短時間內喝完的飲料　例：烈酒、餐前酒…等

「Hot Drink：熱飲．例：熱咖啡、熱茶及烈酒…等

└Cold Drink：一般飲料、汽水、果汁、酒精飲料加冰塊…等

三. 世界酒依製造方法可分為三大類：

1. 釀造酒（發酵酒）Ferment Spirits, Brew-----5 %

   例：Wine, Beer, 米酒, 花雕, 紅露 等

2. 蒸餾酒 Distilled Spirits-----40% 例：Gin, Wisky, Vodka, Rum, Brandy, 高粱

3. 混合酒（利口酒、香甜酒、浸漬酒、調製酒、再製酒、合成酒）Liqueur-----15--25%

   例：橘子酒、咖啡酒、五加皮、蔘茸酒

釀造酒

Ferment Spirits/Brew

　　釀造酒又稱發酵酒，為麥芽酒及葡萄酒的合稱，也就是含糖或澱粉的原料，經過微生物的作用，產生糖化、發酵、過濾、殺菌所得的酒。

　　釀造酒屬低度酒，麥芽酒的種類有麴酒、黃酒（如紹興）、清酒等。葡萄酒的種類在廣義上是任何水果發酵成酒精的飲料，又稱水果酒，狹義的葡萄酒是指葡萄發酵所製成的酒。

公式：葡萄(水果)+酵母菌→自然發酵→酒(15%以下)+ CO_2
　　　製造原料（水果、穀類、麥類、甘薯等）採收
　　　→壓碎→清渣→糖化發酵→浸漬→過濾→貯存
　　　製瓶

　　釀酒離不開微生物，這個微生物包括有酵母菌、細菌、黴菌等，在一定的溫度及濕度下培養製成。酒是微生物新陳代謝的產物，因為微生物所產生的酸，能把澱粉分解變成葡萄糖，再把葡萄糖變成酒精和二氧化碳。釀製後二氧化碳即散失在空氣中，剩下的只有香醇的釀造酒，其滋味盡在不言中。

　　世界上有葡萄就有葡萄酒；因為葡萄久貯自然成酒，但是要釀成上好的葡萄酒，卻不容易。葡萄酒包括紅葡萄酒、白葡萄酒、香檳酒等。就葡萄的種類而言，全世界就有千萬種，釀成的酒各有不同風味。

　　就中國而言：唐王翰詩：「葡萄美酒夜光杯」；李時珍《本草綱目》說：「取葡萄數十斤，用大麴釀醺，取入甑蒸之，以器承其滴露，紅色可愛。古者西域造之，唐時破高昌，始得其法。」中國有葡萄酒，應遠溯至漢代，漢朝屢次西征，必帶回葡萄種植，釀製成酒。漢末魏初，魏文帝致書吳監說：「葡萄……釀以為酒，等於麴藥，善醉而易醒。」

　　在西方，西方人認為葡萄酒是神的恩施。就歷史上看，葡萄最早種植的地方，大致是在美索布達米亞與高加索兩地的傾斜地帶。據傳聞：古時某波斯國王很愛吃葡萄，曾把葡萄放入大瓶中，後來有一位美麗的宮女，喝了瓶中的葡萄汁液感到非常味美，獻給國王後，國王對其讚美有加，並以發酵的葡萄汁作為飲料。此後每一任波斯國王，都成了葡萄酒痴。現今葡萄酒，酒名取自葡萄品種、產區、產地等。

Wine

　　一般而言葡萄酒分為不起泡葡萄酒（Still Wine）與起泡葡萄酒（Sparkling Wine）：不起泡葡萄酒分為紅酒（Red Wine）、白酒（White Wine）及玫瑰紅酒（Rose），酒精濃度都在百分之九至十七之間；起泡葡萄酒有香檳酒（Champagne），酒精濃度在百分之九至十四之間。

就葡萄酒的製造過程如下：

1. 紅酒：黑色果皮之葡萄（帶皮）→採收→壓碎（連果皮、果汁、種子，只去果梗）→清渣→糖化+酵母菌→發酵（釀酒槽或叫發酵槽）→（發酵7-10天）浸泡→酒精生成+ CO_2 →加工壓榨→MLF發酵（第二次發酵）過濾→橡木桶中熟存（果皮、果梗，再次壓榨另外儲存）→換木桶（除去沉澱物）（以蛋白質或凝膠將浮在酒上之雜質去掉）→澄清→混合→裝瓶儲存及銷售
   MLF發酵：Malo-Lactic Fermentation丙乳酸發酵（微生物直接把蘋果酸轉變為乳酸及CO_2）
2. 白酒：綠色，黃色之果皮葡萄（去皮）→採收壓碎（去果皮、果梗）→清渣→糖化+酵母菌發酵（釀酒槽或叫發酵槽）→浸泡（發酵10-13天、12—20度攝氏）→酒精生成+ CO_2 →加工壓榨→過濾→橡木桶中熟存→換木桶（除去沉澱物）→澄清→混合→裝瓶儲存及銷售
3. 玫瑰紅酒：紅白葡萄混釀、或縮短紅葡萄之發酵期、或中途將果皮去掉。

就葡萄酒之貯存而言：

	保存期限	開瓶後
紅酒	6～7年	24 小時
白酒	2～5年	2 天
玫瑰紅酒	25年	2 天
香檳	10年	立刻

回家 ————
Going Home

家，是溫暖的，令人不捨的，更是每個人共同的回憶。遊子的心，歸心似箭。受傷的心，更需要家的庇護與溫情滋潤。一盞燈、一扇窗、以及家人關愛的眼神，回家的感覺，真好！

作法
先加冰塊再倒入香檳酒，最後倒入香檳汽水。

實用小資訊
本杯為作者創作，回家團圓，溫暖人心。

材料
香檳酒　大量杯 2 杯
香檳汽水　大量杯 2 杯
冰塊

Going Home
Champagne 3 o.z.
Champagne Soda 3 o.z.
Ice

回家　Going Home

台灣美人 Taiwanese Beauty

台灣美人（台灣姑娘）———
Taiwanese Beauty

這杯是女人喝的酒，紅裡透光的顏色，象徵著台灣女人溫和具親和力的特性。酒如其名，喝著如同台灣美人；凡美人者，更不應錯過。

作法
將材料及冰塊倒入雪克杯中搖晃均勻，倒入雞尾酒杯中，可用紅色櫻桃裝飾。

實用小資訊
本道材料中玫瑰紅酒和葡萄淡酒是用台灣公賣局所產的酒，價廉物美且口感極佳，若用進口葡萄酒亦可，且別有風味。基本上，紅酒和白酒分別獨自喝，各有其一番風味；混在一塊喝，風味更加別出心裁。

材料
台灣公賣局玫瑰紅酒 小量杯 1/2 杯
台灣公賣局白葡萄酒 大量杯 1 杯
果糖 1/2 大匙 (1/2T)

Taiwanese Beauty
Red Wine 0.5 oz
White Wine 1.5 oz
Syrup 1/2 T
Shake
Cocktail Glass

基爾
Kir

法國布魯格紐(Bourgogue)的雷瓊市為著名的葡萄酒產地，該市市長 -- 凱隆‧菲力克斯‧基爾 -- 以特產葡萄白酒搭配紅醋栗利口酒，調製出芳香濃郁的高級雞尾酒。最佳名酒互相搭配的口感堪稱為瓊漿玉液；基爾為世界級口味的歐式餐前開胃酒。基爾市長是二次大戰中法國反抗軍首領，曾以89歲高齡當選第五次市長一職。

作法
將上述兩種酒在雞尾酒杯中，輕輕拌勻即可，不可用力。

實用小資訊
本酒於二次世界大戰後誕生，酒齡雖淺，但其受歡迎的程度不輸給流傳百年的老酒。白葡萄酒與紅醋栗利口酒的搭配，其味道相當高尚，符合時代潮流，具有發展潛力；另外，白酒冰涼清純不膩的感覺，是本酒成功的因素。

材料
冰涼白葡萄酒 大量杯 2 杯
紅醋栗利口酒 小量杯 1/3 杯

Kir
White Wine 3 oz.
Creme de Cassis 0.3 oz
Pour
Cocktail Glass

皇家基爾
Royal Kir

皇家基爾是利用有名的基爾配方，使其格調更高。以香檳替代基爾中之白葡萄酒為基酒，便成為第一等級的餐前酒。口味高雅，與基爾同樣深受世人喜愛。

作法
將兩種酒在雞尾酒杯中，攪拌均勻即可。

材料
香檳酒 大量杯 2 杯
紅醋栗利口酒 小量杯 1/3 杯

Royal Kir
Champagne 3 oz
Creme de Cassis 0.3 oz
Stir
Cocktail Glass

貝里尼
Bellini

貝里尼乃文藝復興時代的畫家們所喜愛的飲料：起泡葡萄酒的爽口及仙桃酒的甘露完美合成的雞尾酒。

作法
將冰過的香檳杯中，放入冰塊及下述三種材料，並輕輕攪拌。

實用小資訊
1948年義大利威尼斯舉辦文藝復興時代畫家貝里尼的畫展，哈里茲酒吧的經營者 -- 吉普里阿尼，為紀念此次畫展而創作出本酒，桃子香氣若有似無，氣泡溫和地刺激喉嚨，非常容易入口而聞名於世。

材料
起泡葡萄酒 小量杯 2 杯
仙桃酒 (桃子利口酒) 小量杯 1/2 杯
紅石榴糖漿 1 滴

Bellini
Sparkling Wine 2 oz
Peach Liqueur 1/2 oz
Grenadine 1 Dash
Slowly Stir
Champagne Tulip Glass

基爾 Kir

藍色夏威夷 Blue Hawaii

藍色夏威夷
Blue Hawaii

夏威夷具有著十足熱帶海洋島嶼的風情 ---- 藍色的海洋、藍色的天空，拍岸的藍色波浪等，令人有一連串夏威夷的暇想。甘蔗、鳳梨和橘子香味，都是熱帶海洋島嶼的風情表現。不朽電影名作「藍色夏威夷」便是在此島拍攝，其背景音樂乃貓王普里斯萊的名曲：藍色夏威夷。

作法
將材料加冰塊用雪克杯搖晃或果汁機打，倒入杯中以鳳梨片裝飾。

實用小資訊
本酒是仲夏解暑的好飲料，亦適用於兩人羅曼蒂克之夜所飲用。

惜別海岸
Farewell Shore

台灣特產的香甜荔枝酒，配上加勒比海的藍柑橘酒，不但有了新口味，也增添了新風貌。

作法
將上述兩種材料用雪克杯加冰塊搖晃均勻後，倒入香檳杯中，再加滿蘇打水即可。

實用小資訊
惜別海岸是取名於熱戀中的愛人，因為愛，我的心情就像無舵的船駛向無邊的大海。這是一杯充滿藍色愛情的雞尾酒。

金巴利蘇打
Campari Soda

堪稱義大利代表的利口酒金巴利，加上蘇打水調製而成的雞尾酒，能令人產生輕鬆感，並為深受世人喜愛的餐前酒傑作。

作法
加滿冰塊與蘇打水，輕輕攪拌用高球杯或無腳酒杯盛裝。

材料
淡蘭姆 大量杯 1 杯
藍色橘香酒 小量杯 3/4 杯
鳳梨汁 小量杯 2 杯

Blue Hawaii
Light Rum 1 1/2 oz
Blue Curacao 3/4 oz
Pineapple Juice 2 oz
Shake Or Blended
Pineapple Slice

材料
荔枝酒 小量杯 1 杯
藍色橘香酒 小量杯 1/2 杯

Farewell Shore
Lichee Wine 1 oz
Blue Curacao 1/2 oz
Shake With Ice
Full Up With Soda
Tulip Glass

材料
金巴利大量杯 1 杯

Campari Soda
Campari 1.5 oz
Full Up With Soda
Ice
Highball Glass

甜心
Sweet Heart

本雞尾酒屬飯後酒，由於冰淇淋之作用，有甜在心裡，愛你在心口難開之感。

作法
將下述材料放入雪克杯中加冰塊搖晃，倒入香檳杯中，用紅櫻桃裝飾。

實用小資訊
屬於兩人羅曼蒂克之夜所飲用的雞尾酒，猶如甜甜蜜蜜，長長久久。

雙友同心
Two Hearts Together

白蘭地與烏梅酒的結合，絕配至極，無與倫比。

作法
將上述兩種酒加冰塊混合即可。

荔葡酒
Lichee & Wine

這是一杯酒精味很淡的水果酒，適合酒量不好的人飲用。荔枝香味融合葡萄香味，有一種協調合適之感，清靜高雅而不俗。

作法
將下述兩種酒加冰塊混合，並用紅色櫻桃裝飾之。

材料
白葡萄酒　大量杯 1 杯
柳橙汁　小量杯 2 杯
香草冰淇淋 1 球

Sweet Heart
White Wine 1.5 oz
Orange Juice 2 oz
1 Scoop Vanilla Ice Cream
Shake
Champagne Tulip Glass
Red Cherry

材料
白蘭地　大量杯 1 杯
台灣公賣局烏梅酒　小量杯 1/2 杯

Two Hearts Together
Brandy 1.5 oz
Black-Plum Liqueur 0.5 oz
Pour
Add Ice

材料
荔枝酒　小量杯 1 杯
白葡萄酒　小量杯 1 杯

Lichee & Wine
Lichee Wine 1 oz
White Wine 1 oz
Ice
Pour
Red Cherry

愛妃還淚
Queen's Return Tears

王妃的眼淚，包含著情人的辛苦和富貴的無奈；故喝此酒，可體驗王妃的心境於一二。

作法
將下述材料用雪克杯均勻搖晃後，倒入雞尾酒杯中，可以放兩顆櫻桃做裝飾。

實用小資訊
愛妃還淚是在心情不好時喝的酒，酒下肚後，想想其實王妃也是不好當的，因為王妃的苦惱是不輸給自己的；於是心情逐漸開朗，生活應當知趣滿足。

西方美人
American Beauty

本道雞尾酒可在美國的酒吧中喝到，台灣的酒吧中存在不普遍。風味與中國美人不同；品嚐各國美人的雞尾酒，是否感受到各國美人的涵蓄與風騷？

作法
將下述材料除最後兩項外，倒入雪克杯中搖晃均勻，倒入雞尾酒杯中，再加入紅石榴汁及波特酒會浮於表面。

美國人
Americano

Americano為義大利話，有美國人的意思。金巴利口味微苦，帶有金雞納香氣，是代表義大利的利口酒；苦艾酒藥草香味濃郁甘甜，原產及盛產於義大利；再用蘇打水調製這兩種代表義大利的香甜酒，味道的確清爽宜人，與眾不同。或許這種清爽風味像極了義大利風格的美國人吧！

作法
將金巴利與苦艾酒及冰塊混合後，在老式杯中加入蘇打水，最後放入柳橙片或檸檬片一片即可。

實用小資訊
本酒是輕鬆活潑的餐前酒，是由金巴利的微苦味及蘇打水的爽口感混合而成的開胃酒。

材料
燒酎酒 小量杯 1 杯
台灣公賣局荔枝酒 小量杯 2 杯
紅石榴汁 小量杯 1/2 杯
果糖 1/2 大匙(1/2 T)

Queen's Return Tears
Japanese Rice Wine 1 oz
Lichee Wine 2 oz
Grenadine 1/2 oz
Syrup 1/2 T
Shake
2 Red Cherry for Decoration

材料
白蘭地 小量杯 3/4 杯
辛辣苦艾酒 小量杯 3/4 杯
柳橙汁 小量杯 3/4 杯
白色奶油酒 小量杯 1/4 杯
紅石榴汁 數滴(亦可不加)
波特酒 小量杯 1 杯

American Beauty
Brandy 3/4 oz
Dry Vermouth 3/4 oz
Orange Juice 3/4 oz
(White)Creme De Menthe 1/4 oz
Grenadine 1 Dash
Shake
Port 1 oz Float On The Top

材料
金巴利 小量杯 3/4 杯
甜苦艾酒 小量杯 3/4 杯
蘇打水

Americano
Campari 3/4 oz
Sweet Vermouth(Italian) 3/4 oz
Stir
Full With Soda
Ice
Orange Slice Or Lemon Slice
Old Fashion Glass

宴會
The Party

此杯雞尾酒為日人上田先生所創，此
乃上田在1987年夏天，應「宴會」
快艇主人之要求調製此酒而聞名於
世。映著涼涼海藍色澤的雞尾酒，散
發夏日宴會PARTY氣息。杯中主角
為葡萄酒，配角為葡萄柚汁。屬於口
感佳的仲夏解暑清涼飲料，適合熱鬧
的宴會。

作法
將下述材料加冰塊攪拌均勻即可。亦
可再加入香檳酒，味道更佳。

材料
白葡萄酒　小量杯 1 杯
藍色橘香酒　大量杯 1 杯
葡萄柚汁　小量杯 3/4 杯
The Party
White Wine 1 oz.
Blue Curacao 1 1/2 oz
Grapefruit Juice 3/4 oz
Stir
May Add Champagne

Beer 啤酒

相傳啤酒源起於九千年前地中海南岸的巴比倫帝國，以大麥發芽而製成啤酒麵包，再加入肉桂等芳香植物於容器中加水搗碎，過濾後自然發酵而成啤酒。於是，啤酒的傳播由古埃及開始，傳至歐洲，再傳於全世界。習慣上，喝啤酒前，需冷藏四至五個鐘頭；冰過頭，則嚐不出滋味。冷藏啤酒的溫度，夏：攝氏6～8度；冬天：攝氏10～12度。

Beer

製造啤酒公式：大麥麥芽+蛇麻草(Hops)(啤酒花)+水

大麥泡水→發芽(綠色麥芽)→大麥芽烤乾，烘烤溫度(一般啤酒：80～85色較淺；黑啤酒：100～105深褐色)→磨碎+穀物混合+水→煮成麥芽汁→糖化+蛇麻草+Yeast→發酵→過濾→貯存(零度攝氏以下，二個月)→加溫殺菌→生啤酒Draught→裝瓶→熱水沖淋(Stop Yeast)→熟啤酒Lager beer (德語，貯藏)

蛇麻草，又名啤酒花，寒帶爬藤植物，每年九、十月種，三星期收成，可幫助消化。喝啤酒時所產生的潔白泡沫，是淡淡麥香散發出來的味道，其作用是產生特殊苦味、香味及輕微的鎮靜作用。啤酒品質的好壞，水質很重要，酵母菌也很重要。像台灣埔里的水質特優，致使埔里產的台灣啤酒，不僅聞名日本，更多次榮獲世界酒評金牌獎，至於製造啤酒的酵母菌有一百多種，德國、日本各自有其秘訣，各自擁有傲人的啤酒而聞名於世。

啤酒的種類有生啤酒和熟啤酒兩種：

1. 生啤酒(Draught Beer)：
   啤酒發酵後，經過濾並加碳酸氣，未加溫殺菌，味道鮮美可口，可保存一週。
2. 熟啤酒(Lager beer)：貯藏啤酒。(因裝罐前加溫殺菌，故影響風味)
   ◎下發酵啤酒(底部發酵)(Bottom Fermented) ： Pilsener、Bock、DryBock，先貯藏幾個星期，待成熟後才上市。
   ◎上發酵啤酒(Top Fermented)：貯酒期短，色深味濃。黑啤酒：Stout。

深水炸彈 ——————
Tropedo

喝啤酒者知道啤酒好喝，貴在其泡沫之香味。啤酒泡沫即啤酒花，是蛇麻草（寒帶之爬藤植物，幫助消化）（Hops）釀造而成，具淡淡麥香，可產生特殊苦味、香味及氣泡，且具輕微鎮靜作用。一小杯伏特加連杯放入啤酒杯中，更促使啤酒花潔白芳香泡沫的生成，趁著泡沫湧上之餘，一飲而盡的啤酒芳香，更難忘的是：留在嘴邊的啤酒花餘香，真的忍不住再來一杯！

作法
將第二項材料放入第一項中，趁泡泡湧起時一飲而盡。

材料
在啤酒杯中裝啤酒 八分滿
伏特加 一小杯

Tropedo
Beer in Beer Glass (80%)......(1)
Vodka in little Glass......(2)
Put (2) inside (1)
Drink with bubbles come out

深水炸彈 Tropedo

吸血鬼
Draculas

蕃茄汁除了有豐富的營養外,更有養顏美容之效。喜愛喝蕃茄汁的人,千萬不要錯過了蕃茄汁加黑麥啤酒的滋味。

作法

香檳杯中加冰塊,並依序倒入蕃茄汁及冰過之黑啤酒各半杯。在杯中產生下紅上黑的色澤效果。

實用小資訊

因為密度的關係,「吸血鬼」的黑麥啤酒會在上層。若將黑麥啤酒(凡黑麥者,不分牌子皆可)換為台灣啤酒(公賣局所產),則稱之為「血腥阿美」,半杯蕃茄汁,半杯台灣啤酒,顏色則融合在一起。

「血腥阿美」的聲譽,響遍全台灣各角落,尤其是在各餐廳及各KTV等休閒場所,甚至在飛機上的台灣旅客,自己在玻璃杯中加冰塊調製「血腥阿美」,尤令外國人拍案叫絕!

材料
蕃茄汁 半杯
黑啤酒 半杯

Draculas
Tomato Juice 1/2 Glass
Dark Beer   1/2 Glass
Ice
Pour
Tulip Glass

火山爆發
Volcano

柳橙汁與黑啤酒對半等量,喝時攪拌均勻,是口感極佳的解渴飲料。本酒有著黃色的火球和黑色的岩漿,顏色更有著那山雨欲來、火山即將爆發之感;黑麥啤酒加上柳橙原汁的融合滋味,可以大口大口的喝,清涼有勁,有說不出的滋味。

作法

在香檳杯內放入冰塊數塊,倒入新鮮柳橙汁半杯後,順著杯的邊緣,緩慢倒入冰過之黑啤酒。必要時利用小匙,沿著匙背緩緩流下黑啤酒。在杯中會產生下橘上黑的色澤效果。

實用小資訊

本道飲料利用密度的原理,黃色柳橙汁在下層,黑啤酒及其泡沫在上層,在視覺上有火山爆發的感覺,在口感味道上,更是「一發不可收拾」,一飲而盡,香味猶存。

材料
柳橙汁 半杯
黑啤酒 半杯

Volcano
Orange Juice 1/2 Glass
Dark Beer   1/2 Glass
Ice
Pour
Tulip Glass

蒸餾酒　Distilled Spirits

　　蒸餾酒是含糖或澱粉的原料，經糖化、發酵後再經由蒸餾程序，以其冷凝液製成的一種烈酒。醇熟於橡木桶中，愈久愈香醇。其原料有水果，穀物(包括大麥、小麥、玉米，裸麥等)甘蔗，龍舌蘭等。

　　蒸餾酒的酒精濃度都在百分之四十以上，又稱高度酒，起源已不可考，大概在中世紀左右，有傳聞「蒸餾酒術」源起於阿拉伯的煉金術過程(Alchemy)，蒸餾酒的蒸餾器(Alembick)即源由於此。巧合的是：酒精(Alcohol)，在阿拉伯語的意思，是蒸餾的粉末，酒精液在經過蒸餾的過程時，若蒸餾的次數愈多，則雜質愈少，而酒愈香醇，是足愈加珍貴。

　　蒸餾法有單一蒸餾(Pot Still)及連續蒸餾(Continuous Still)兩種。單一蒸餾係由一個簡單的水壺，頂部為錐狀的導管；將釀造後的酒加熱時，蒸發的液體升至頂部，遇冷即下降流出是為蒸餾酒。本法為現代科技控制，且產生合乎酒精濃度需求的蒸餾酒。另一種連續蒸餾，基本上是重覆單一蒸餾的步驟，其設備是一個高大的圓柱體，通常分二到三層；本法是抽取遇熱的釀造酒至頂部，同時，蒸氣亦由底部上升凝結成液體是為蒸餾酒，並反覆進行蒸餾過程。

　　蒸餾酒的種類很多，像中國的白酒(燒酒)，如大麴、茅台、汾酒、高粱等，日本的燒酎，和西洋的威士忌、白蘭地、琴酒、伏特加、蘭姆酒等皆是。另外，還有所謂天然蒸餾酒及高度蒸餾酒的分類。所謂天然蒸餾酒是指用天然果實為原料製得的蒸餾酒，如白蘭地等。而高度蒸餾酒則是以非果實為原料，即果實以外的原料生產的蒸餾酒屬之，如伏特加、威士忌、蘭姆酒等。

Brandy

白蘭地

　　白蘭地源起於荷蘭文Brande，法國十三世紀時，蒸餾白蘭地取名為生命之水。白蘭地是以水果的果實、果肉、汁液、漿汁或果皮殘渣等經過發酵、蒸餾等過程混合而成，並在橡木桶中陳貯製成的蒸餾酒。

　　白蘭地的種類很多，以其原料中水果的種類來分類。大體上來說分為兩種：第一種為道地白蘭地，是純以葡萄為原料釀成的葡萄白蘭地，往往統稱「白蘭地」，數量最多，歷史也最悠久。換言之，白蘭地即為葡萄白蘭地。另一種為非葡萄的果實製成的白蘭地(Fruit Brandy)，則需冠以果實之名，是以此水果釀製成，如櫻桃白蘭地(Cherry Brandy)、蘋果白蘭地(Apple Brandy)、桃子白蘭地(Peach Brandy)、草莓白蘭地(Strawberry Brandy)等。

Brandy

　　製造白蘭地，是把葡萄酒取來再進行蒸餾的過程，可用純單一蒸餾或是純連續蒸餾，也可以單一與連續蒸餾混合使用後的白蘭地，以不同的比例混合而成味道不同的白蘭地。基本上，各種不同的蒸餾方法過程會產生出味道殊異的白蘭地，也就是各家白蘭地廠商所生產的白蘭地，都有其獨特的香氣醇和。所以，任何一種葡萄酒都能蒸餾出白蘭地，但是，以剛剛發酵完的白葡萄酒所釀製的白蘭地，是為白蘭地的極品，令全世界品飲之人趨之若鶩。理由是：新鮮葡萄酒中若剛剛完成發酵，即仍含有為數不少的活性酵母菌，實有助於白蘭地的蒸餾過程，再加上原先葡萄酒的原料是品種優良的白葡萄，自然締造出世界最優良的白蘭地，再經過橡木桶中的長期貯藏醇熟，吸取橡木桶中的單寧酸與酒中成份進行交換作用的化學反應，為期至少三年，使得原本無色透明的白蘭地，變成帶有芳香氣味的金黃琥珀色。陳年葡萄酒無法製造出優良的白蘭地，而上等的白蘭地則是在橡木桶中長期陳化成熟，十年或四、五十年或更長，因為經歷歲月愈久，酒味會更加香郁醇厚。

　　白蘭地的品種中，以法國產品最好。法國是一個得天獨厚的國家，其全國的葡萄產量，百分之九十用於製造葡萄酒及葡萄酒後的白蘭地，以應全世界對於葡萄酒及白蘭地的需求，而躍居世界之冠。法國土壤肥沃，每年的葡萄收成則端賴於當年的氣候與雨量變化；太多的雨水與陽光，會導致葡萄早熟破壞生成，惟有在正常的氣候下，葡萄內甜份和酸度和諧，葡萄大豐收的情況下才能產生該年最好的酒質與酒量。

　　法國的白蘭地中，以干邑(或翻譯成可涅克)(Cognac)排名世界第一，雅馬邑(或阿爾馬涅克)(Armagnac)排名世界第二，義大利排名第三，德國排名第四，西班牙排名第五，美國排名第六，希臘排名第七。聞名第一的干邑白蘭地，是在法國干邑地區(Ugni-Blanc)(St.Emilion) 省蒸餾而成的白蘭地，由法國政府所頒法令規定而得，受有法律商標權保護，他區之白蘭地不論品質

如何優越皆不得掛有干邑之名。本區白蘭地分二次蒸餾：第一次蒸餾僅取其蒸餾液的中間部份，酒精含量在百分之二十左右，進行第二次蒸餾亦取其中間部份，貯藏於特製的木桶中進行熟化作用。

　　排名第二的雅馬邑白蘭地，亦是在法國西南部雅馬邑地區(Gascony)省，該區是法國著名三劍客的故鄉，砂質土壤肥沃，混合石灰石、黏土及白堊土，每年平均約有四分之一的葡萄酒蒸餾成白蘭地。生產特有黑橡木(Black Monlexum Oak)，用黑橡木製成之橡木桶儲存白蘭地，因橡木具有強烈的香味、甜味及單寧酸會加速被酒所吸收，使酒快速成熟香醇而聞名於世。

　　飲用白蘭地時，要用窄口大肚的「白蘭地杯」，目的使酒香蘊藏於玻璃杯中，以供細細品酌。以單掌捧住酒杯，使掌心的溫暖傳入酒杯，飲用時不可大口吞嚥，應小口用舌細啜，讓嗅覺與味覺充分感受其中的香醇。

白蘭地貯存年度標示：

```
* * * 三星 ───────────────────5～8 年
* * * * 四星 ──────────────────8～10 年
* * * * * 五星 ─────────────────10～12 年
V.O.(Very Old) ────────────────12～15 年
V.V.O. (Very Very Old) ──────────15～18 年
V.S.O.(Very Superior Old) ────────18～20 年
V.S.O.P. (Very Superior Old Pale)────25～35 年
X.O. (Extra Old ) ──────────────45 年
Extra────────────────────75 年
```

風花雪月
Wind, Flower & Snow on the Moon Night

一輪明月高高掛，在一個有微風與花香的下雪夜晚，繽紛的雪景與花氣酒香連成一個長長的月影，在微風中輕輕地搖動著。一幅美景搖動著你我的心、你我的情。感動著我們彼此共同的心！

作法
將材料順序倒入，並充分混合。

實用小資訊
風花雪月，象徵著羅曼蒂克的愛情；凡人者無不心嚮往之。墜入風花雪月中，有動容、有感激、有快樂；亦有不知所措者。

材料
白蘭地　小量杯 2 杯
柳橙汁　小量杯 1 杯
檸檬汁　小量杯 1 杯
果糖　一大匙
汽水加滿

Wind, Flower & Snow on the Moon Night
Brandy 2 o.z.
Orange juice 1 o.z.
Lemon juice 1 o.z.
Syrup 1 Tbsp
Full up with Soda

風花雪月
Wind, Flower & Snow on the Moon Night

側車（邊車） Sidecar

側車（邊車）
Sidecar

所謂側車，就是第一次世界大戰時，軍隊裏十分常見 ---- 在摩托車旁附加的一個座位。本酒誕生於法國的巴黎酒吧中，由一位酒保 -- 何里麥克 Holy Mike，專門為乘坐側車的將校們所調製的雞尾酒，並深受將軍們的喜愛而聞名於世。

本雞尾酒是屬於歐式口味的古典雞尾酒，喝來十分帶勁，且充滿男子氣概，深受男士們的歡迎。白蘭地的香味加上橘子酒和檸檬汁的酸甜風味，屬略帶爽口的餐前酒，酒精濃度強，怪不得深得坐側車（摩托車旁）的將軍們之喜愛。

作法

將下述三種材料放入雪克杯中，加冰塊搖晃後，倒入雞尾酒杯中即可。

實用小資訊

1. 在「側車」的材料中，若將白色柑橘酒換成無色柑橘酒，則成為另一道知名的雞尾酒「俄式三弦琴」。
2. 若將基酒白蘭地換成淡蘭姆，則成為另一道世界級的雞尾酒「XYZ」，其三種材料成份亦可以各以1/3之比例。
3. 若將基酒換成威士忌，則成為威士忌側車。
4. 若將基酒換成琴酒，則為雪白佳人。真是變化多端！

材料

白蘭地 小量杯 1 杯
白色柑橘酒 小量杯 1/2 杯
檸檬汁 小量杯 1/3 杯

Sidecar
Brandy 1 oz
Cointreau (W) 0.5 oz
Lemon Juice 0.3 oz (or 0.5 oz)
Shake

俄式三弦琴材料

白蘭地 小量杯 1 杯
無色柑橘酒 小量杯 1/2 杯
檸檬汁 小量杯 1/3 杯

Balalaika
Brandy 1 oz
Cointreau 0.5 oz
Lemon Juice 0.3 oz (or 0.5 oz)
Shake

XYZ材料

淡蘭姆 小量杯 1 杯
無色柑橘酒 小量杯 1/2 杯
檸檬汁 小量杯 1/3 杯

XYZ
Light-Rum 1 oz
Cointreau 0.5 oz
Lemon Juice 0.3 oz (or 0.5 oz)
Shake

威士忌側車材料

威士忌 小量杯 1 杯
無色柑橘酒 小量杯 1/2 杯
檸檬汁 小量杯 1/3 杯

Whisky Sidecar
Whisky 1 oz
Cointreau 0.5 oz
Lemon Juice 0.3 oz (or 0.5 oz)
Shake

雪白佳人材料

琴酒 小量杯 1 杯
無色柑橘酒 小量杯 1/2 杯
檸檬汁 小量杯 1/3 杯

White Lady
Gin 1 oz
Cointreau 0.5 oz
Lemon Juice 0.3 oz (or 0.5 oz)
Shake

蛋酒
Brandy Egg Nog

本雞尾酒最初是美國南方的聖誕節節慶飲料，現在歐洲各國喜歡把它當宴會飲料用。在酷寒的冬天裡，有暖透全身的作用，屬睡前酒。據日本人的說法，蛋酒是滋養品，感冒時也很有效。由於使用的糖、牛奶、雞蛋等滋補的材料，所以喝起來會有飽滿的感覺。雞蛋本有腥味，但被牛奶和白蘭地抵消後，再加上荳蔻香料以增加香氣，雞蛋味已無影無蹤。在忙碌辛勞的日子裡，不管您是勞心還是勞力，為自己滋補一下，喝一杯蛋酒，恢復一下元氣吧！

作法

將下述材料加冰塊放入雪克杯中搖晃，或加碎冰放入果汁機中攪拌均勻，倒入酒杯中撒些豆蔻粉即可。

實用小資訊

蛋酒還有幾種變化，如原料中加入葡萄酒大量杯一杯，則稱之為波士頓蛋酒。

若將黑蘭姆改為淡蘭姆，並將鮮奶加熱，則稱之為熱蛋酒，作法是：在溫熱的無腳酒杯中，混入蛋黃及白糖粉，注入蘭姆酒與白蘭地，一邊攪拌，一邊加滿溫牛奶，最後撒上豆蔻粉即可。

材料
白蘭地 小量杯 1 杯
黑蘭姆 小量杯 1/2 杯
白糖粉 1 大匙
蛋黃 1 個
鮮奶 小量杯 2 1/2 杯

Brandy Egg Nog
Brandy 1 oz
Dark-Rum 0.5 oz
Suger 1 Tbsp
Yolk 1
Milk 2.5 oz
Shake or Blended with Ice
Cocktail Glass
Sprinkle the Nutmeg on the Top

波士頓蛋酒材料
葡萄酒大量杯
白蘭地小量杯
黑蘭姆小量杯
冷牛奶小量杯 2 1/2 杯
蛋黃 1 個
白糖 1 Tbsp

Boston Egg Nog
Wine 1.5 oz
Brandy 1 oz
Dark-Rum 0.5 oz
Milk 2.5 oz
Yolk 1
Sugar 1 Tbsp
Shake or Blended with Ice
Cocktail Glass
Sprinkle the Nutmeg on the Top

熱蛋酒材料
白蘭地小量杯 1 杯
白蘭姆小量杯 1/2 杯
溫牛奶小量杯 2 1/2 杯
蛋黃 1 個
白糖 1 Tbsp

Hot Egg Nog
Brandy 1 oz
Light-Rum 0.5 oz
Hot-Milk 2.5 oz
Yolk 1
Sugar 1 Tbsp
Slowly Stir
Sprinkle the Nutmeg on the Top

烏龍茶酒
Wolong Brandy

喝茶可以提神，飲酒可以促進血液循環及幫助消化。結合茶香與酒香的茶酒，則是提神健身兩相宜。喜愛白蘭地和烏龍茶者，可以試試芳香可口的茶酒相融，享受一下風味細緻、口感清甘的滋味。

作法

1. 烏龍茶湯預先泡好，放涼備用；或市售烏龍茶，宜選用無糖為佳，微糖次之，含糖太多則會影響酒味。

2. 取酒杯，先倒入茶湯，再倒入白蘭地(洋酒或省產皆可)。

3. 略攪拌，加冰塊或碎冰飲用。

實用小資訊

原則上，茶與酒的比例是一比一；但若不喜酒精者，可將白蘭地減半，或多加冰塊稀釋。

材料

白蘭地 小量杯 1 杯
烏龍茶湯或市售烏龍茶 小量杯 1 杯
冰塊或碎冰

Wolong Brandy

Brandy 1 oz
Wo-Long Tea 1 oz
Ice
Pour
Old Fashion Glass

烏龍茶酒 Wolong Brandy

馬頸（馬脖子）Horse 's Neck

馬頸（馬脖子）
Horse 's Neck

本酒又名白蘭地汽水（Brandy & Ginger），據聞起源於美國肯塔基州的賽馬迷。本酒重點在於濃烈深沉的白蘭地一經汽水稀釋，口味變得清淡爽口，宛如太陽光芒，即使大都會無馬可騎，也應選擇戶外品嚐此酒。又據聞美國老羅斯福總統喜歡在晨光中騎馬散步，一邊輕撫馬首，一邊享用此酒。你能體會此心情嗎？

此酒另一重點在於檸檬皮的杯飾：削成1公分寬，相當於整個杯子長度的螺旋體，末端掛在杯口，可掛在裡面或外面，而呈現出一幅賞心悅目的水彩畫。

作法
將白蘭地倒進可林杯，將冰塊後，薑汁汽水加滿，輕輕攪拌，以檸檬皮裝飾。

實用小資訊
可將基酒或波皮威士忌或琴酒，而成為威士忌馬脖，或琴酒馬頸。

白蘭地泡芙
Brandy Puff

本法做法簡單，白蘭地同時加上鮮奶與汽水的味道，是你萬萬想不到的滋味，不試怎麼知道？

作法
將材料1、2、3放入高球杯中，再加滿汽水即可。

材料
白蘭地大量杯1杯
檸檬皮半個(切成1公分寬，螺旋狀)
薑汁汽水加滿

Horse 's Neck
Brandy 1.5 oz
Full Up With Ginger Soda
Ice
Lemon
Collin Glass

Whisky Horse 's Neck
Bourbon Whisky 1.5 oz
Full Up With Ginger Soda
Ice
Lemon
Collin Glass

Gin Horse 's Neck
Gin 1.5 oz
Full Up With Ginger Soda
Ice
Lemon
Collin Glass

材料
白蘭地 大量杯 1 杯
鮮奶 小量杯 2 杯
冰塊
汽水

Brandy Puff
Brandy 1.5 oz
Milk 2 oz
Ice
Full up with Soda
Highball Glass

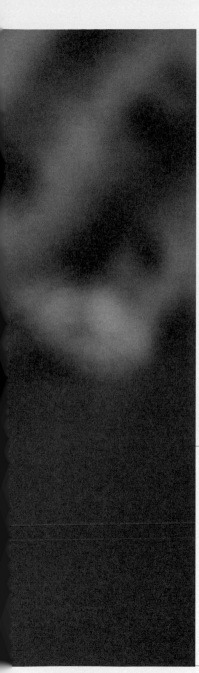

亞歷山大 ——————
Alexander

芳香的白蘭地與可口的奶油酒混合而成滑潤口感的飲料，由於具有舒暢的過喉感，因此，這是一杯非常適合女性飲用的雞尾酒，飯後飲用，甘香濃郁，也可是飯後酒代表之一。它的甜味與香味很受女性歡迎，但請注意千萬不可喝過量。

本酒被譽為世界上高級雞尾酒，希望男性也能品嚐，勿讓女性獨享。本酒的重點是奶油酒的香甜與鮮奶油完全使白蘭地味道消弭於無形，但白蘭地依然存在。

作法的重點是在於搖晃（Shake）的技巧，不可太用力，但必須讓鮮奶油在酒中均勻散佈，且不會凝固；乳脂肪遇冰容易凝固，應避免。

作法

將下述材料加冰塊在雪克杯搖晃均勻後倒入酒杯中並加滿汽水；視個人喜好可撒些肉豆蔻粉於表面。

實用小資訊

本道雞尾酒亦可用琴酒（Gin）取代白蘭地，成為基酒。亞歷山大具有宮廷式的華麗氣氛及奶油可可的香味。本酒有個故事：據說此酒曾於英國國王愛德華七世與皇后亞歷山朵拉的婚宴上所特製之雞尾酒，且大出風頭。

另外還有個事實：名電影「酒與玫瑰的日子」中，該片男主角就是勸不會喝酒的妻子（不曾有過酒量）喝「亞歷山大」，該女不久便沈迷於此酒而不能自拔。

材料
白蘭地小量杯 1/2 杯
奶油酒小量杯 1/2 杯（或可可酒）
奶油球1球
加滿汽水

Alexander
Brandy 0.5 oz
Creme de Cacao (w) 0.5 oz
Cream 0.5 oz
Full up with Soda
Highball Glass
Sprinkle the nutmeg On the top

亞歷山大 Alexander

餐後酒 —————————
After Dinner

餐後酒即餐後雞尾酒，有替換口味、幫助消化的功能；杏仁白蘭地與柑橘酒的甘甜風味，再混合檸檬的爽口感，製造出口感絕佳的雞尾酒。它具有明亮的色澤和清爽的香氣，是為晚餐譜上完美之休止符，享受滿足愉快之夜。

作法
將下述材料加冰塊用雪克杯搖勻，倒入雞尾酒杯中。

雪裡紅 —————————
Snow Red

這是一杯粉紅色的雞尾酒，有著櫻桃白蘭地和野莓琴酒的香醇，相當吸引人！

作法
將下述材料加碎冰用果汁機攪拌，倒入雪利杯，用紅櫻桃裝飾之。

奧林匹克 —————————
Olympic

這是一杯濃郁的香橙風味，歐式口味，巴黎奧林匹克紀念雞尾酒。巴黎麗晶飯店為紀念1900年巴黎奧林匹克運動會所創，在當時，是獻給奧林匹克優勝者——月桂冠。溫柔的橙色讓人聯想起月桂花。由於名稱影響，當時奧運會前後廣受喜愛，這是專為勝利者所調製的雞尾酒。

作法
將材料依序放入雪克杯中，加冰塊搖勻，倒入雞尾酒杯中即可。

材料
杏仁白蘭地 大量杯 1 杯
柑橘酒 大量量杯 1 杯
檸檬汁或萊姆汁 小量杯 3/4 杯

After Dinner
Apricot Brandy 1.5 oz
Cointreau 1.5 oz
Lemon Juice or Lime Juice 3/4 oz
Shake with Ice
Cocktail Glass

材料
櫻桃白蘭地 大量杯 1 杯
野莓琴酒 小量杯 3/4 杯
奶球一個

Snow Red
Cherry Brandy 1 1/2 oz
Sloe Gin 3/4 oz
Cream 3/4 oz
Blend with Ice
Sherry Class
Red Cherry

材料
白蘭地 小量杯 1 杯
柑橘酒 小量杯 1 杯
柳橙汁 小量杯 1 杯
紅石榴汁 1 小匙

Olympic
Brandy 1 oz
Cointreau 1 oz
Orange Juice 1 oz
Grenadine 1 tsp
Shake with Ice
Cocktail Glass

餐後酒
After Dinner

琴酒又名杜松子酒、晶酒、氈酒等，源起於法文Genva(Genievre)，始於荷蘭。傳聞琴酒是在十七世紀時，由荷蘭Leiden大學教授施威爾(Sylvius)，用杜松子浸泡成藥酒作為熱解劑的功能。後來，英國伊莉莎白一世，到荷蘭幫新教徒對抗西班牙和法國天主教徒的大戰中發現此酒，更將此酒改良並發揚光大。

　　琴酒的主要原料是裸麥、大麥芽、玉米等，經發酵後再蒸餾而得的無色烈酒。所謂蒸餾，是採連續蒸餾機中蒸餾，並加入各種植物香料配方，包括杜松子(Juniper)、杜松莓(Juniper Berry)、胡荽(Coriander)、甘草精(Liquorice)、白芷根(Angelica Root)、檸檬皮(Lemon Peel)、肉桂、當歸、橘子皮等，各用多少為各家廠商之獨家秘方。就連續蒸餾琴酒而言，有多種蒸餾方法；簡單法是蒸餾過程中混合杜松子與各種植物性成份的香料，當發酵後的琴酒進入蒸餾器加熱時，蒸氣經由蒸餾器上升至蒸餾器的頂端，充分吸取全部香料的香味；蒸餾後的結果是溶出各成份含香味的蒸氣，且濃縮凝結而成液體，亦可反覆多次蒸餾，此液體即為濃郁香醇的琴酒。

　　琴酒有「雞尾酒的心臟」之美稱，為調製雞尾酒應用最多的基酒。除了本身所具獨特香味外，其製造方法簡易，且不須長期貯藏，無形中降低成本而導致售價低廉，廣為流傳而風行於世。琴酒的品質與特性，除了蒸餾的技巧外，就是杜松子與各植物香料的品質差異與其成份比例。當然，琴酒的品牌甚多，標示有「辛辣」(Dry)者，即為不甜與無任何顯著芳香味道。英國琴酒與美國琴酒最大的不同，是在於英國水質的優越性，且英國本身對於琴酒的需求日益增加，以致兩者在價格上的差異不可不知。

紅粉佳人Pink Lady

紅粉佳人
Pink Lady

本酒是粉紅色，屬女性雞尾酒，兩人羅曼蒂克之夜所飲用增加氣氛的飲料，的確，此酒正如其名，口味溫和、甘甜，適合華麗的宴會飲用。

1912年，英國倫敦戲劇「Pink Lady」紅粉佳人女主角─海滋兒‧頓，手上端著就是這一杯與戲劇同名的紅粉佳人，於是紅粉佳人─這杯雞尾酒立刻蔚為風尚，而聲名遠播，本酒即專為獻給該劇女主角所特別調製之。

本酒主要是由紅石榴汁與白色蛋清所營造出來的淡淡粉紅色；紅石榴汁所帶來的甜味與琴酒的苦澀十分搭襯，就顏色而言，就足以令人陶醉。

作法

將下述材料放入雪克杯中加冰塊搖晃（凡有蛋成份之雞尾酒，其雪克杯搖晃必須久些，以求完全），倒入雞尾酒杯中，以紅色櫻桃裝飾。

實用小資訊

要說此酒純屬女性飲用也不盡然，其後勁強烈也相當適合男性飲用。

傳聞中，很多人接觸雞尾酒便是由此酒開始。另有其同胞姊妹─雪白佳人，其材料是琴酒、白色柑橘酒與檸檬汁各以2：1：1之比例；雪白佳人，又名窈窕淑女，別名白色寶貝，為白色雞尾酒，真名為琴酒側車。據說琴酒側車為真正「側車」的前身。雪白佳人，是酒保常向顧客推薦的好酒。

材料

琴酒　大量杯 1 杯
檸檬汁　小量杯 1/2 杯
紅石榴汁小量杯 1/4 杯
蛋白 1 個（亦可用鮮奶油小量杯 1/2 杯代替）
糖 1/2 小匙
柑橘酒　小量杯 1/2 杯（可以沒有）

Pink Lady

Gin 1 1/2 oz
Lemon Juice 1/2 oz
Grenadine 1/4 oz
White Egg 1
Syrup 1/2t
Shake
Cocktail Glass
Red Cherry

雪白佳人（琴側車）材料

琴酒　小量杯 1 杯
白色柑橘酒　小量杯 1/2 杯
檸檬汁　小量杯 1/2 杯

White Lady (Gin Sidecar)

Gin 1 oz
Cointreau 1/2 oz
Lemon Juice 1/2 oz
Shake

天堂樂園
Paradise

這是一杯洋溢著濃郁水果香氣的雞尾酒，使人感受置身天堂一般愉悅；杏仁和柳橙的合體為酸甜和味香的結合，芳香宜人，再搭配琴酒所調製的雞尾酒，口味絕佳，宛如新品種的水果，讓人喜不自勝。

作法
將下述材料加冰塊，用雪克杯搖勻，倒入雞尾酒杯中，以橘子片裝飾之。

實用小資訊
天堂的感覺是甜的，但事實上，竟是出乎意料的清爽宜人。柳橙汁的淡淡顏色是增添幸福之感，嚐過之後，更讓人對其誘人的魅力不再懷疑。喜甜者，可以將材料中三者的比例改為1/3、1/3、1/3的比例調製。

馬丁尼
Martini

本酒有雞尾酒之王的聲譽，在高級酒吧中點一杯 Dry Martini 辛辣馬丁尼（將馬丁尼材料中的琴酒換成辛辣琴酒），代表了其人的品味及品酒之修養。

本酒於1910年紐約尼卡波卡飯店的酒保，名叫馬丁尼所創，作法簡單易常，只是將兩種烈酒加以混合，其結果竟如此令人偏愛不已！最開始時，用的是甜苦艾酒；後來逐漸演變以辛辣為主流，而以辛辣苦艾酒取代之，可見現代新新人類中外皆同，這是一杯鐵是「一飲而盡」的酒！

作法
在冰透的雞尾酒杯中，攪拌下述兩種材料，最後加入紅心橄欖於杯中。
（純喝，不加冰塊）

實用小資訊
馬丁尼已成為雞尾酒的代名詞，有傳言云「雞尾酒始於馬丁尼，亦終於馬丁尼」。

本酒做法容易，但沒有兩下子是喝不出馬丁尼的滋味。本酒屬美式口味，口感辛辣至極，飯前飲用，可增加食慾。

馬丁尼在眾電影、眾小說中幾乎無所不見，目前盛行馬丁尼是琴酒和苦艾酒的比例3：1，這也是英國前首相邱吉爾先生最愛喝的比例；現代新新人類是10：1的喝法；名作家海明威，著有經典名著「老人與海」，海明威先生喝馬丁尼更有其偏好，其驚人的比例為15：1。

材料
琴酒 大量杯 1 杯或更多
杏仁白蘭地小量杯 1 杯
柳橙汁 小量杯 1 杯

Paradise
Gin 1.5 oz or 2 oz
Apricot Brandy 1 oz
Orange Juice 1 oz
Shake
Cocktail Glass
Orange Slice

材料
琴酒 大量杯 1 杯
辛辣苦艾酒小量杯 1/2 杯

Martini
Gin 1.5 oz
Dry Vermouth 0.5 oz
Bitter 1 Dash
Stir
Cool Cocktail Glass
Olive
Straight

Dry Martini
Dry Gin 1.5 oz
Dry Vermouth 0.5 oz
Bitter 1 Dash
Cool Cocktail Glass
Olive
straight

從下面的故事可窺一、二：海明威的小說「過河到樹林中」一書中，曾有一段有趣的描述，主角坎維爾上校有一次到酒吧，向酒保點酒：「來一杯蒙哥瑪利將軍。」「蒙哥瑪利將軍」亦即馬丁尼，其琴酒與苦艾酒的比例是15：1；因著名的蒙哥瑪利將軍從來不打沒有把握的仗，一定要自己的軍力十五倍於敵軍，才肯出兵打仗。又有一次，海明威在二次大戰末期，曾隨軍前往巴黎的一間酒吧，該酒吧只有一名酒保，「你要喝什麼？」酒保問道。海明威立刻回答：「馬丁尼，50杯。」該酒保立刻調了50杯15：1之馬丁尼給他，他也將50杯全部喝光，你信與否？

馬丁尼 Martini

新加坡司令
Singapore Sling

本酒充滿著華麗與熱帶氣氛，其故事為：由具有「東方之秘」的新加坡拉夫斯飯店（Raffles Hotel）在1915年所創之著名雞尾酒，讓人不禁想起堪稱世界最美的新加坡夕陽霞彩。這是一杯具有十足誘人色澤與味道的雞尾酒。令人陶醉其中，怡然自得！

作法
將材料前4項放入雪克杯中加冰塊搖勻後，倒入可林杯中，加蘇打水至八分滿，最後放入櫻桃白蘭地及紅石榴汁注入杯底沈著，喝時輕輕攪拌。

實用小資訊
如這般擁有都市名稱的新加坡司令，稱為都市雞尾酒（City Cocktail），富有著都市華麗的氣息。本酒最近廣受歡迎，其原因在於它的芳香和色澤，有其獨到之處。琴酒加上櫻桃白蘭地的陣陣芳香，使酒色、香、味俱增，特別為女性所好。檸檬汁的部份可以用柳橙汁代替，以增加變化。另外，在新加坡拉夫斯飯店供應的新加坡司令，有十種以上的水果裝飾，在當地飲用此酒，比在其他地方享受多一份不同的滋味。當然，沒有機會前往新加坡飯店的人，有按照上述做法，自己在家品嚐囉！

材料
琴酒　大量杯 1 杯
柑橘酒 2 滴
檸檬汁　小量杯 3/4 杯
果糖　小量杯 3/4 杯
汽水適量（可以沒有）
紅石榴汁（可以沒有）
櫻桃白蘭地　小量杯 1/2 杯

Singapore Sling
Gin 1 1/2 oz
Cointreau 2 Dash
Lemon Juice 3/4 oz
Syrup 3/4 oz
Shake
Full up with Soda
Grenadine
Cherry Brandy 1/2 oz
Slowly Stir
Fruits

風流寡婦
Merry Widow

本酒喝過後口感絕佳，非一般紅葡萄酒所能比擬。其含有高酒精濃度，亦令男性難以抗拒。在攪拌本酒時，必須像愛撫女性一般輕柔，酒味才會濃郁香醇。

作法
將下述材料加冰塊混合攪拌，注入雞尾酒杯。

實用小資訊
風流小寡婦，英譯為快活的未亡人，名劇「卡門」中有此一景，故有人說，風流寡婦之酒名由該劇而來。

材料
琴酒　小量杯 1 杯
Dubonnet紅葡萄酒　小量杯 1 杯

Merry Widow
Gin 1 oz
Dubonnet 1 oz
Stir
Cocktail Glass

銀馬
Silver Shalling

由於香草冰淇淋的關係，這是一杯銀白色亮麗的雞尾酒，喝下去的感覺似乎是駕著馬車奔騰的快感。

作法
將下述材料用雪克杯搖晃後，倒入可林杯，再倒滿汽水即可。

法國式75
French 75

本酒以當時最新兵器——口徑75mm的大炮為名，因為香檳的衝力有如大口徑的大炮，不僅威力十足，且一發不可收拾。此酒誕生於第一次世界大戰中，位於巴黎的亨利酒吧。香檳的「衝力」進入喉部的感覺極佳，再加上冰冷的琴酒讓全身舒暢。另有其同胞兄弟：以波本美國威士忌為基酒者叫法國式95，以白蘭地為基酒則取名為法國式125；可見其兄弟之威力！

作法
在雪克杯中加冰塊及前三項材料，搖晃均勻後倒入香檳杯中，加滿冰冷香檳酒即可。

材料
辛辣琴酒 小量杯 1 杯
香草冰淇淋 1 小匙
檸檬汁 小量杯 1/2 杯
冰塊

Silver Shalling
Dry Gin 1 oz
Vinilla Ice Cream 1t
Lemon Juice 0.5 oz
Shake with Ice
Full up with Soda
Collin Glass

材料
辛辣琴酒大量杯 1 杯
檸檬汁 小量杯 1/2 杯
果糖 1 大匙
冰香檳酒

French 75
Dry Gin 1.5 oz
Lemon Juice 0.5 oz
Syrup 1 T
Shake
Full up with Cold Champagne

French 95
Burbon Whisky 1.5 oz
Lemon Juice 0.5 oz
Syrup 1 T
Shake
Full up with Cold Champagne

French 125
Brandy 1.5 oz
Lemon Juice 0.5 oz
Syrup 1 T
Shake
Full up with Cold Champagne

百萬富翁 ——————
Millionaire

百萬富翁類似百萬元，都有白色泡沫
浮於表面；所不同的是基酒的異同，
百萬富翁以威士忌為基酒，百萬元則
是以琴酒為基酒。二者的味道均甚溫
和，而且重要的是酒色迷人，倍受女
性寵愛。烈性被緩和過後的威士忌，
更見其優雅高尚的風味。

作法
將下述材料加冰塊在雪克杯中搖晃，
倒入雞尾酒杯。

實用小資訊
玻璃杯中襯托出粉紅色的液體，
有著蛋清白而細膩的泡沫，看來
十分美觀，端在手裡細加品味
時，果真有身價百倍的感覺。

材料
威士忌 大量杯 1 杯
柑橘酒 1 小匙
紅石榴汁 1 小匙
蛋白 1 個

Millionaire
Whisky 1.5 oz
Cointreau 1t
Greadine 1t
White Egg 1
Ice
Shake
Cocktail Glass

百萬富翁 Millionaire

百萬元 ——————
Million Dollar

1922年，由日本橫濱新廣場飯店的調酒師路易斯始創，是使用香檳的豪華雞尾酒，其後經濱田昌吾修改配方，用杜松子酒取代香檳後，頗受大眾喜愛，目前已成為一杯具有代表日本風味的世界通用雞尾酒。

作法
將下述材料加冰塊在雪克杯中充分混合，倒入香檳杯中即可。

實用小資訊
本酒取名為「擁有價值100萬美金的神奇滋味」。本酒的最大特色是蛋白經Shake搖晃後，所產生之細膩泡沫，能使整體產生柔和的氣氛；因飽Shake搖晃必須充分徹底，為致勝關鍵。色呈粉紅，上層浮有白色蛋清，感覺十分優美。本酒口味極佳，飄散鳳梨的美味與香氣，適合意氣風發，彼此乾杯的場合飲用。

材料
琴酒 大量杯 1 杯
甜苦艾酒 小量杯 3/4 杯
鳳梨汁 小量杯 3/4 杯
紅石榴汁 一大匙
蛋白 一個（或奶油球1個）

Million Dollar

Gin 1 1/2 oz
Sweet Vermouth 3/4 oz
Pineapple Juice 3/4 oz
Grenadine 1 Tbsp
White Egg (or Cream) 1
Shake
Tulip glass

琴通尼（琴湯尼）——————
Gin Tonic

琴通尼是世界知名的雞尾酒；琴通尼故名思義是琴酒＋通尼水（通寧水）；在過去，這是歷史上的絕配，在現在，這個絕配，魅力依舊不減當年，仍然是世界各地Pub酒吧的最愛寵物！

通寧水又名奎寧，是金雞納樹皮濃縮成，在英殖民地時代，熱帶地區當作預防瘧疾的藥用飲料使用。喝起來的感覺是無糖的汽水。琴通尼的感覺，是辛辣之口感，且滋潤了乾烈的喉嚨。適合於熱鬧的宴會；亦是很好的睡前酒，幫你進入夢鄉；在檸檬片與通寧水之間，盡情享受琴酒（杜松子酒）的樂趣。

作法
在老式杯或高球杯中，放入冰塊，再放入琴酒，通寧水倒滿，輕輕攪拌，最後放入一片檸檬。

實用小資訊
就算不會喝酒的人，也聽過這個酒名。這是一杯最富盛名的雞尾酒，因為，琴酒和通寧水的混合，令人千杯不膩。本酒受人歡迎，不僅僅因為味道好，也因為做法非常簡單，只要加入所需材料，適度攪拌後即可飲用。當作飯前飲用的餐前酒也不錯；Gin Tonic是Gin And Tonic，為代表性的清涼飲料，夏日艷陽下飲用更好！

材料
琴酒大量杯 1 杯
通寧水

Gin Tonic

Gin 1.5 oz
Full up with Tonic Water
One Lemon Sice Inside
Highball Glass

Rum
蘭姆酒

蘭姆酒古名Rumbullion，興奮之意，源起於西印度群島。

蘭姆酒是以甘蔗汁為原料熬煮，加熱後經真空蒸發使蔗糖結晶，分離出蔗糖結晶與剩下的蜜糖，再將蜜糖用水稀釋、配料，加入酵母菌進行發酵過程；發酵後經過連續蒸餾，顏色近乎無色透明，在大橡木桶中貯藏熟化三年以上，由於橡木桶色澤的滲出，過濾後即為特殊芳香甘醇的蘭姆酒。因為具有濃郁的甘蔗香味，用於糕點類或是雞尾酒中，更表現出蘭姆酒的風格特色。

蘭姆酒的種類有三：

一、淡蘭姆(White Rum) (Light Rum)

又稱淺蘭姆、白蘭姆，顏色較淺，無色或淡黃色，貯放橡木桶中至少一年。出產於西班牙語系國家，如波多黎各、古巴及牙買加等地。酒精濃度約在百分之三十五。

二、深蘭姆(Dark Rum) (Heavy Rum)

又稱重蘭姆、黑蘭姆，味道濃郁，色澤金黃，多呈琥珀色，貯存於橡木桶中至少三年，常添加焦糖。出產於英語系地區及熱帶地區。如海地及牙買加等地。酒精濃度約在百分之四十至七十五。

三、金蘭姆(Gold Rum) (Medium Rum)

又稱中間蘭姆，乃混合上述兩種蘭姆酒，顏色亦為中間色，酒精濃度約在百分之四十五。

天蠍 ——
Scorpion

天蝎即蝎子，本酒具有蝎子星座的特性風味；酒勁強烈，口味極佳，甜中帶酸，滋味爽快，是熱帶飲料的代表，宛如被躲在熱帶花蔭下的蠍子咬住一般。本酒酒精濃度高，絕非外觀所能理解。白蘭地與蘭姆酒溶入橘子、檸檬、萊姆的風味中，喝起來彷彿是辣的果汁似的，由於白蘭地加蘭姆酒的酒精度極濃，喝過後宛如被蠍子的毒牙咬過般，感覺頭暈目眩，所以全身都會感受到醉意！

作法
將材料全部加冰塊，充分於雪克杯中搖動後，亦可用果汁機打碎，倒入裝滿碎冰的高腳酒杯中，將水果切出美麗的形狀，掛在邊緣，附上吸管。

邁泰 ——
Mai Tai

邁泰是一杯國際知名的古典雞尾酒。它的名字，外國人會以為是中國名字，中國人會以為和泰國人有關係；結果是非中國人也非泰國人；邁泰擁有著世界級的名氣，響徹雲霄。

作法
將所有材料加碎冰塊，在果汁機中打碎，倒入邁泰杯或高球杯中。

實用小資訊
著名的邁泰是以兩種蘭姆酒為基酒，並混合多種果汁聞名。果汁機的作用是將水果果肉、果汁、冰塊及酒充分混合均勻。成品是血紅色；亦有專屬之酒杯—邁泰酒杯(高腳圓肚)。

材料
白蘭地 小量杯 1 杯
淡蘭姆 小量杯 2 杯
柳橙汁 小量杯 2 杯
檸檬汁 小量杯 1/4 杯
萊姆汁 小量杯 1/2 杯
柳丁薄片

Scorpion
Brandy 1 oz
Light-Rum 2 oz
Orange Juice 2 oz
Lemon Juice 1/4 oz
Lime Juice 1/2 oz
Shake or Blend
Fruits

材料
深蘭姆 小量杯 1 杯
淺蘭姆 小量杯 1 杯
柑橘酒 小量杯 1/2 杯
鳳梨汁 小量杯 2 杯
果糖 小量杯 1/2 杯
檸檬汁 小量杯 1/2 杯
紅石榴汁 小量杯 1/4 杯
鳳梨塊與紅櫻桃

Mai Tai
Dark Rum 1 oz
Light Rum 1 oz
Cointream 1/2 oz
Pineapple Juice 2 oz
Syrup 1/2 oz
Lemon Juice 1/2 oz
Greadine 1/4 oz
Pineapple wedge & Red Cherry
Blended with Ice
Mai-Tai Glass or Highball Glass

關山落日(夕陽)
Sunset

本酒飲用時具有無限感傷的情懷在心中。飲用時可將蛋黃打散均勻，享用蛋黃、果汁和香甜酒的融合味道。

作法
將材料前4項加冰塊混合攪拌均勻，可以直接攪拌也可以用雪克杯，倒入高球杯中後，用汽水加滿，再放入一個蛋黃，最後在杯的邊緣輕輕倒入紅石榴汁。

實用小資訊
本酒飲用時，是夕陽無限好的情景和滋味。蛋黃象徵著太陽，在甘蔗、鳳梨、檸檬香氣和汽水間沈浮，宛如欲走還留，卻也留不住的心情，再加上紅石榴汁在杯底鮮艷的紅色，而逐漸向上漸層的橘黃色，更是帶來人生幾何，及時把握的情景。

材料
淡蘭姆　小量杯 1/2 杯
義大利香甜酒　小量杯 1/2 杯
鳳梨汁　小量杯 2 杯
檸檬汁　小量杯 1/2 杯
汽水
蛋黃1個
紅石榴汁

Sunset
Light-Rum　1/2 oz
Galliano 1/2 oz
Pineapple Juice 2 oz
Lemon Juice 1/2 oz
Shake or Pour
Full up with Soda
Yolk
Slowly Pour Grenadine

道別
Farewell

本酒幾乎全部都是蘭姆酒，但經由少量白蘭地和檸檬汁的調味，味道與純蘭姆酒的滋味竟是天壤之別。其乾烈和透明的感覺，象徵戀情結束的滋味，十分奇特，堪稱一絕，令人回味無窮！蘭姆酒的最佳拍檔是可樂或檸檬汁。本酒有檸檬的絲絲香味，再加上少量白蘭地賦予深度，難怪本酒魅力驚人！

作法
下述材料放入雪克杯加冰塊搖晃後，注入酒杯。

實用小資訊
本酒相當辛烈，相信愛酒男人不會錯過！本酒酒名相當浪漫淒涼，如同喝酒時豪邁的心情。剛失戀的朋友們，在傷心欲絕之餘，來一杯最後的道別，又名最後之吻，飲啜時，細細品嘗，重拾信心，重新面對一個不一樣的人生！

材料
淡蘭姆　大量杯 1 杯
白蘭地 1/2 小匙
檸檬汁 1/2 小匙

Farewell
Light-Rum 1 1/2 oz
Brandy 1/2 t
Lemon Juice 1/2 t
Shake with Ice
Cocktail Glass

關山落日(夕陽) Sunset

黛克蕾
Daiquiri

這是一杯代表蘭姆酒的創作，瀰漫著加勒比海香的雞尾酒，為蘭姆與萊姆搭配最完美的組合；因為，萊姆本身的香味及酸味和蘭姆酒甘蔗的香氣，為夏日炎炎增添無限清涼！

作法
將3種材料放入雪克杯中搖勻，或用果汁機打，再注入雞尾酒杯中。

黛克蕾 Daiquiri

實用小資訊
Daiquiri黛克蕾本是古巴一座礦山的名稱。十九世紀前，古巴原是西班牙的殖民地，後來轉為美國人統治，並派人開發此礦；此時，一位工程師—柯庫斯用當地特產之蘭姆酒對萊姆汁喝，取名為「黛克蕾」，於是在黛克蕾礦山工作的礦工們，紛紛為逃避暑熱而飲用本飲料，於是本飲料躍登世界且歷久不衰，應了雞尾酒的傑作之一～口味單純，不僅不怪異，且風味絕倫無以言盡。蘭姆酒與萊姆汁亦有2：1的喝法。本酒屬餐前酒，亦有以檸檬汁取代萊姆汁，味道差別何在，請自行比較。亦有姊妹作品：鳳梨黛克蕾、雪泥黛克蕾及草莓雪泥黛克蕾。

材料
淡蘭姆酒 大量杯 1 杯
萊姆汁 小量杯 1/2 杯
糖漿 1 小匙

Daiquiri
Light-Rum 1.5 oz
Lime 0.5 oz
Syrup 1 T
Shake or Blend
Cocktail Glass

鳳梨黛克蕾
Pineapple Daiquiri

基本上所有水果都可做成黛克蕾，當然，選擇當時的季節新鮮水果是最理想的，鳳梨在此，更是黛克蕾的最佳搭檔。本酒的秘訣是用果汁機打，是消暑聖品及健康飲料。

作法

將下述材料加碎冰放入果汁機中打勻，倒入高球杯中，用鳳梨裝飾之。

雪泥黛克蕾
Frozen Daiquri

本酒又名「海明威黛克蕾」，因大文豪海明威居住於哈瓦那時，經常光顧一家名叫佛羅里達的酒吧，品嚐他所鍾愛，類似剛從冰箱拿出來之雪泥一般狀態下飲用的雞尾酒。那時，聚集在他身邊的世界各地之編輯及作家，使得本酒聲名大噪。

作法

將下述材料放入果汁機中，攪拌混合直至成為果子露狀，即雪泥果凍狀，放入廣口高腳杯中，再飾之萊姆或檸檬。

實用小資訊

本酒類似台灣的刨冰，為最被看好的夏日飲料。因酒中有冰，所以不久後杯上會起霧，倍增喝的情趣。本酒比普通黛克蕾更加冰涼解渴，如果選擇在陽光普照的海灘邊，享受這種飲料，將是人生一大樂事！

草莓雪泥黛克蕾
Frozen Strawberry Daiquiri

這是一杯目前流行的女性飲料。草莓本身誘人的芳香，經過本酒潤色後，更顯得華麗和漂亮，宛如戀愛中的滋味。「這種酒愈喝愈覺得有如在雪花紛飛的冰河上滑雪的心情。」出自海明威小說「海洋中的島嶼」裡，哈德森評論本酒的話。

作法

將草莓切成小方塊，和下述材料全部放進果汁機攪勻，倒入杯中以草莓點綴。

材料
淡蘭姆　大量杯 1 杯
檸檬汁　小量杯 3/4 杯
糖漿　小量杯 3/4 杯
新鮮鳳梨片　數片

Pineapple Daiquiri

Light-Rum 1.5 oz
Lemon Juice 3/4 oz
Syrup 3/4 oz
Pineapple Slice
Crushed Ice
Blended with Ice
Highball Glass

材料
淡蘭姆酒　大量杯 1 杯
無色橘香酒 1 小匙
萊姆汁　小量杯 1/2 杯
糖漿 1 小匙
細碎冰

Coconut Shell

Light-Rum 1.5 oz
Cointreau 1 t
Lime 0.5 oz
Sugar 1 t
Cruched Ice
Blended

材料
淡蘭姆酒　大量杯 1 杯
無色橘香酒 1 小匙
糖漿 1 小匙
草莓 2 粒
細碎冰

Frozen Strawberry Daiquiri

Light-Rum 1.5 oz
Cointreau 1 t
Sugar 1 t
Strawberry 2
Blended with Crushed Ice

椰林春光 ———————
Pina Colada

椰林春光是彌漫在甘蔗、椰子和鳳梨香中，亦是國際級的知名雞尾酒，據說，當年椰林春光聲名遠播時，其遠播的速度無人能及！

作法

將下述材料加碎冰塊，在果汁機中打碎，倒入高球杯中。

材料

淺蘭姆或中蘭姆　大量杯 1 杯至 2 杯
椰子香甜酒　大量杯 1 杯
鳳梨汁　小量杯 2 杯
鳳梨片 2 片

Pina Colada

Light Rum or Medium Rum 2~3 oz
Coconut Liqueur 1 1/2 oz
Pineapple Juice 2 oz
Pineapple Pieces
Blended with Ice
Highball Glass

椰林春光 Pina Colada

睡夢之間 (床第之間)
Between the Sheets

本酒以白蘭地和淡蘭姆為基酒,威力無窮。柑橘酒本身甜中帶苦,和白蘭地勁道頗能相配,其協調的滋味,令人喝完還想再喝。檸檬汁可有可無,但其有緩和白蘭地之功能,不可忽視。

作法

將下述材料放入雪克杯中加冰塊搖晃後,倒入雞尾酒杯中即可。

實用小資訊

睡夢之間,「繾綣床單之間……」,即睡眠狀態,這個名稱實耐人尋味。本酒源起於歐洲某一名飯店的吧台(名稱不可考)調製出的睡前酒。當然,白色橘香酒的香甜風味加深了夜晚的輕鬆氣氛與羅曼帝克之情,適合午夜飲用。飲這杯酒的感覺,就像熱戀中的男女在床第之間一般,其滋味如同酸中略帶甜、甜味略帶酸,酸甜之中彌漫著白蘭地和淡蘭姆的陣陣芳香,令人不飲自醉。

材料

白蘭地　小量杯 1 杯
淡蘭姆　小量杯 1 杯
白色橘香酒　小量杯 1 杯
檸檬汁　小量杯 1/2 杯

Between the Sheets

Brandy 1 oz
Light-Rum 1 oz
Cointreau (W) 1 oz
Lemon Juice 1/2 oz
Shake
Cocktail Glass

椰子殼
Coconut Shell

本酒的特色是細細品味帶有椰子原汁的高級雞尾酒,其樂趣是從椰子殼中飲用;酷暑盛夏,享受著帶有濃厚南洋風味的椰子殼,這是一個營養美味外加冰涼有勁的道地飲料!

作法

將椰子果肉挖出,與椰子汁同蘭姆酒與香蕉香甜酒加碎冰,放入果汁機中攪拌均勻,最後倒入椰子殼中飲用。

實用小資訊

蘭姆酒是由甘蔗做的,本酒是集合甘蔗,香蕉及椰子的香味和甜味,再加上椰子本身的涼性,實在是夏天很好的解渴飲料。
本酒中椰子肉及椰子汁的部份,其份量可隨性任意加減,亦是本酒的最大特色。至於酒的部份,白蘭地或美國威士忌都可以取代淡蘭姆,另有其風味非凡!

材料

淡蘭姆或中蘭姆　大量杯 2 杯
香蕉香甜酒　大量杯 1 杯
帶果肉之新鮮椰子殼　一個

Coconut Shell

Light-Rum 3 oz
Creme de Banane 1.5 oz
1 Fresh Coconut Blended

自由古巴 ————————
Cuba Libre

1902年，西班牙殖民地古巴，在獨立戰爭時，為尋找獨立的暗語為Viva Cuba Libre（自由古巴萬歲），本酒就是以此命名。Libre是西班牙語，即自由之意，換言之，本酒是為紀念古巴獨立戰爭所創，可樂是象徵明朗、開放、活潑的氣氛和口味。

作法
將冰塊放入杯中，先倒入深蘭姆，再注滿可樂，以萊姆裝飾，插根吸管。

實用小資訊
本酒的秘訣，是在於可樂與蘭姆味道最合，因可樂的成份刺激蘭姆酒而更顯得清涼可口。在可樂與檸檬當中，瀰漫著蘭姆酒的香氣。

材料
深蘭姆 大量杯 1 杯
萊姆 1/4 個（或檸檬）
可樂加到滿

Cuba Libre
Dark-Rum 1.5 oz
Lime (or Lemon) 1/4
Ice
Full up with Coke
Collin Glass

自由古巴 Cuba Libre

　　伏特加產於俄羅斯，俄語中的水酒，原意為俄人的生命之水。原始的伏特加是由馬鈴薯釀製，後來加入一些穀物，如玉米、裸麥等、以麥芽或黑麥芽作糖化劑，經液態發酵及連續蒸餾製成，在第二次蒸餾後的純正蒸餾酒，去頭去尾的中間部份加以過濾，即為伏特加成品。

　　伏特加與威士忌的最大不同，在於威士忌保持其原本的風味與香味，而伏特加卻進一步加工處理，去除及過濾所有的雜質與穀物風味。加工過程是經過樺木炭（又稱活性碳、木炭精或石英砂）的吸附過濾後，再與新木炭充分接觸，過濾味道去除殘渣，以去盡雜味與雜氣。所以，伏特加是通過重複蒸餾精煉過濾的方法，得到無色、無味、透明的成品，即可裝瓶或稀釋裝瓶。

　　處在高緯度嚴寒地帶的俄羅斯，需要強烈的酒來刺激與生存，因此伏特加是舊俄帝時期的名產，也是不分皇室貴族與平民都喜歡飲用的國酒。現在，該酒的專賣利益，占了該國約百分之三十的政府歲入。而且，其他國家製造的伏特加，品質與味道皆不輸於創始國，可見全世界對於伏特加的需求實在是與日俱增。

哈維撞牆 ———————
Heavy Wallbanger

哈維是一位美國加州的沖浪板運動員，在輸去一場重要的競賽後，傷心之餘，將他最愛喝的螺絲起子加一點義大利香甜酒，喝完後離開酒吧，並以跳行方式從這個牆跳到另一個牆，於是，大家就稱此酒為哈維撞牆。

作法
將伏特加及柳橙汁，輕輕攪拌，注入雞尾酒杯中並過濾冰塊，最後將義大利香甜酒Galliano緩緩倒入，並漂浮於杯的上層。

實用小資訊
若將哈維撞牆的基酒，以龍舌蘭代替，則成為另一道雞尾酒--軟糖皺摺。

螺絲起子 ———————
Screwdriver

本酒是伊朗工作的美國人將伏特加混合柳橙汁，直接以工作用的螺絲起子代替攪拌匙的雞尾酒，從此聞名於世。螺絲起子又名女性殺手Madame Killer，因內含柳橙汁，極易入口，而伏特加所散發之酒味又不濃，故如同品嚐果汁一般，容易飲用過量而不自知；後勁很強不容忽視，如同殺手一般，故喝時必稍作克制，以免頭暈或宿醉不醒。

作法
將材料倒入，輕輕攪拌，高球杯。

實用小資訊
此酒的變化有二：
一、在螺絲起子中加入義大利香甜酒Galliano，就成為哈維撞牆Heavy Wallbanger。
二、若螺絲起子的基酒伏特加，以溫和的琴酒取代之，就成為橙花Orange Blossom。

材料
伏特加 小量杯 1 杯
義大利香甜酒Galliano 小量杯 1/2 杯
新鮮柳橙汁 大量杯 3 杯
冰塊

Heavy Wallbanger
Vodka 1 oz
Orange Juice 5 oz
Stir
Strain into Cocktail Glass
Float the Galliano 1/2 oz on the Top

材料
伏特加大量杯 1 杯
冰塊
加滿新鮮柳橙汁

Screwdriver
Vodka 1.5 oz
Ice
Full up with Orange Juice
Stir
Highball Glass

螺絲起子 Screwdriver

橙花
Orange Blossom

橙花相傳是在美國禁酒令頒行時期，由匹茲堡一位名叫比利‧馬諾伊所發明。他將私釀酒配合一些其他材料如柳橙汁等，給客人飲用，於是此酒誕生。今日，往日的私釀劣酒已被高級蒸餾酒取代，無論味道或香氣均非昔比，今日的橙花，所散發出濃濃的柳橙香，像百花盛開般的豪華豔麗！

作法
將琴酒倒入加有冰塊之沙瓦杯中，倒滿2倍以上之新鮮柳橙汁，輕輕攪拌。

實用小資訊
歐美各國在結婚喜宴上喜歡用橙花來作點綴，並習慣飲用此酒。故橙花乃喜悅之花，適合慶宴場合。另有日人的櫻花與之媲美！

櫻花
Cherry Blossom

充滿著櫻花的日本，尤其是櫻花瓣深濃色彩的魅力，代表本杯所俱有獨特的香甜氣味，是由一家在日本橫濱的古老酒吧，名叫--巴黎，酒吧主人田尾多三郎先生所創，並於國際品酒大賽中獲獎。此酒是一邊欣賞窗外的夜櫻，一邊享受美麗的櫻花雞尾酒，實在是迷人的宴會！

作法
將材料加冰塊，在雪克杯中充分搖動後，倒入雞尾酒杯中。

材料
琴酒　大量杯 1 杯
柳橙汁　大量杯 2 杯

Orange Blossom
Gin 1.5 oz
Full up Orange Juice
Ice
Stir
Sour Glass

材料
白蘭地　小量杯 1 杯
櫻桃白蘭地　小量杯 1 杯
紅石榴汁　1 小匙
檸檬汁　2 滴

Cherry Blossom
Brandy　1 oz
Cherry Brandy 1 oz
Greadine 1 t
Lemon Juice 2 Dash
Ice
Shake
Cocktail Glass

血腥瑪麗 ————————
Bloody Mary

本酒的特色是蕃茄汁的血紅色，象徵鮮血，為其「血腥」之名的由來，「瑪麗」是指16世紀時，曾經迫害清教徒的英女王瑪麗一世公主。酒名聽來恐怖嚇人，血紅的雞尾酒，味道特別好，加上伏特加辛辣口味，深受大眾喜愛。

作法
將材料加冰塊攪拌或雪克杯搖晃皆可，倒入調酒杯中，插入酒洋芹菜一根。

實用小資訊
在實行禁酒法時代的美國，最初是以杜松子酒與蕃茄汁混合，稱為血腥太陽Bloody Sun，後來不使用琴酒，改用風味優雅的伏特加來調製，就是現在聞名世界的血腥瑪麗。

材料
伏特加 大量杯 1 杯
蕃茄汁 大量杯 2 杯
檸檬汁 小量杯 1/3杯 （可以沒有）
墨西哥辣醬 2~3 滴
鹽及胡椒少許（依個人喜愛）

Bloody Mary
Vodka 1.5 oz
Tomato Juice 3 oz
Lemon Juice 1/3 oz
Tabasco Sauce 2~3 Drops
Pepper & Salt
Shake or Stir
Celery Stick

Bloody Sun
Gin 1.5 oz
Tomato Juice 3 oz
Lemon Juice 1/3 oz
Tabasco Sauce 2~3 Drops
Pepper & Salt
Shake or Stir
Celery Stick

血腥瑪麗 Bloody Mary

黑色俄羅斯 Black Russian

俄羅斯
Russian

在雞尾酒的世界裡，俄羅斯指的就是伏特加。這是一杯具有俄羅斯民族風味濃厚的雞尾酒。本酒使用無味無臭的伏特加與杜松子酒調製而成的烈性雞尾酒，借助巧克力風味及甘甜的可可奶（或酒），極易入口但酒力強勁，是否適合善飲的現代女性呢？

作法
將下述材料加冰塊，在雪克杯中搖動後，注入老式杯中。

黑色俄羅斯
Black Russian

黑色俄羅斯，即黑色伏特加，就是指在伏特加裡添加咖啡甜酒，使酒成為黑色，色澤濃厚。

黑色俄羅斯，又色黑色神奇Black Magic，由於飄著一股濃郁的咖啡香，所以雖占有2/3的伏特加，卻有意外的溫和擁抱之感。味甜，適合餐後飲用，或當作餐後甜點。1917年俄國革命後，足不出戶的伏特加釀製法廣傳於世，美國也跟著流行以伏特加為基酒的雞尾酒。本酒取名為黑色俄羅斯，大概是戲謔共產國家的「紅色」標誌吧！

作法
在老式杯中加入八分滿的冰塊，分別注入伏特加和咖啡酒，輕輕攪拌。

實用小資訊
本酒的基酒若以白蘭地交換，則成為「弄髒的母親」Dirty Mother，若以龍舌蘭取代，即為「猛牛」Brave Bull。

猛牛
Brave Bull

沈醉於濃郁香甜的咖啡香味中，絲毫感覺不出龍舌蘭的後勁如同猛牛般。

作法
將下述材料及冰塊放入老式杯中，輕輕攪拌，上加發泡鮮奶油。

材料
伏特加 小量杯 1 杯
琴酒 小量杯 1 杯
可可奶（或可可酒）小量杯 1 杯

Russian
Vodka 1 oz
Gin 1 oz
Cocoa Milk or Creme de Cacao (W) 1 oz
Ice
Shake
Cocktail Glass

材料
伏特加 大量杯 1 杯
咖啡香甜酒 小量杯 3/4 杯

Black Russian
Vodka 1 1/2 oz
Kahlua 3/4 oz
Ice
Stir
Old Fashion Glass

材料
龍舌蘭 小量杯 1 杯
咖啡香甜酒 小量杯 1 杯

Brave Bull
Tequila 1 oz
Creme de Coffee 1 oz
Top with Whipped Cream
Stir
Old Fashion Glass

白色俄羅斯
White Russian

黑色與白色俄羅斯的差別，在於其鮮奶油的存在與否。白色俄羅斯並非純白色，而是淺咖啡色而已。多一層鮮奶油的香味，則多一層暖和與溫馨。

作法
在老式杯中加冰塊及所有材料，輕輕攪拌之。

實用小資訊
本酒是一種以數種酒（伏特加、杜松子、可可酒）等量混合的雞尾酒。可可酒或可可奶皆可，但風味不同，且影響酒精濃度，故酒精度可自行控制。

可可酒Creme de Cacao是一種味道難以形容的可可甜酒，它的甜味能制壓伏特加及琴酒的烈性，可喝到巧克力的濃香，喝起來非常甜蜜。

另外，若將可可奶酒與琴酒以咖啡香甜酒取代之，就成為另一種知名的雞尾酒——黑色俄羅斯。再加一粒奶球，則成為——白色俄羅斯。此三種俄羅斯都是後勁百分之百的烈酒，雖含有烈酒成份，但可可的甘香常忘記酒精過量的存在。因此，男人愛它的乾烈，女人愛它的芳香！

材料
伏特加 大量杯 1 杯
鮮奶油球 1 個
咖啡香甜酒 小量杯 3/4 杯

White Russian
Vodka 1 1/2 oz
Cream 3/4 oz
Creme de Coffee 3/4 oz
Stir
Old Fashion Glass

弄髒的母親
Dirty Mother

本酒象徵在白蘭地母親的懷抱中，泛出咖啡香味。作為母親的白蘭地誘導出咖啡利口酒的香醇，亦不失本身之獨特風味，本應為不髒不污而美麗優雅的雞尾酒。

作法
將材料倒入加有冰塊的老式杯中，輕輕攪拌之。

材料
白蘭地 大量杯 1 杯
咖啡利口酒 小量杯 3/4 杯

Dirty Mother
Brandy 1 1/2 oz
Creme de Coffee 3/4 oz
Stir
Old Fashion Glass

午夜酒
After Midnight

本酒創於巴黎的約翰‧彼得（John Peter），睡前酒或餐後酒。薄荷的香味有鎮定神經的作用，可可的甜味能穩定情緒，使人不知不覺間進入甜蜜、安靜的夢鄉。

作法
將下述材料在雪克杯中搖勻後，倒入放有冰塊的老式杯中。

實用小資訊
真是睡前一杯的誘惑，帶您進入甜美的夢鄉。

墨西哥牛奶酒
Kahlua & Milk

咖啡香甜酒有很多種，其中最有名者為Kahlua，美國人發明，墨西哥產，以藍山咖啡為原料，味甜而有濃郁風味，曾在全世界流行過一段時期，現為當今知名的咖啡甜酒廠牌。

作法
將材料倒入老式杯中，輕輕攪拌之。

實用小資訊
墨西哥牛奶酒，是給不會喝酒或沒有酒量者喝，喝來完全沒有感到酒味，只有咖啡牛奶的芳香誘人，或是牛奶咖啡的氣味香甜。另外，鮮奶中含有豐富的營養，更是不在話下。喝酒不忘攝取營養，是道地的美式雞尾酒。

材料
伏特加 大量杯 1 杯
可可酒 小量杯 1/2 杯
綠色薄荷酒小量杯 1/2 杯

After Midnight
Vodka 1 1/2 oz
Creme De Cacao (W) 1/2 oz
Creme De Menth (G) 1/2 oz
Ice
Shake
Old Fashion Glass

材料
咖啡香甜酒 小量杯 1 杯
鮮奶 小量杯 2 杯
冰塊

Kahlua & Milk
Kahlua 1 oz
Milk 2 oz
Ice
Build
Old Fashion Glass

墨西哥牛奶酒 Kahlua & Milk

狗鹽（鹹狗）
Salty Dog

所謂狗鹽，或鹹狗，是俚語，特指英國船裡在甲板上工作的船員，因為他們在甲板上工作時，經常受到海水的沖刷，全身上下皆沾滿海水，並經日曬後蒸發形成結晶鹽，故由此而來。

本酒是以葡萄柚汁為原料調製成的雞尾酒，口味清爽，仲夏解暑，其鹹味和苦味的調合，能補充出汗時流失的鹽分，適合流汗後品嚐。當嘴碰到杯子的一瞬間，因為鹽先進入舌間，酒汁更顯甘香宜人，有美國西海岸海潮之味，越戰後，此酒盛傳於美國西岸，至今威力不減當年。

作法
將下述材料在雞尾酒杯中攪拌均勻，杯口抹鹽。

實用小資訊
本酒若未經杯口抹鹽，則稱為無尾狗，Tailess Dog or Bulldog。

材料
伏特加　大量杯 1 杯
葡萄柚汁　小量杯 5 杯（適量）
冰塊

Salty Dog
Vodka 1.5 oz
Grapefruit Juice 5 oz
Ice
Salt Rim

Tailles Dog (Bulldog)
Vodka 1.5 oz
Grapefruit Juice 5 oz
Ice

狗鹽（鹹狗）Salty Dog

莫斯科騾子
Moscow Mule

本酒是1940年好萊塢一家酒吧Pub老板傑克‧摩根的傑作，莫斯科是指伏特加，以騾子為名，是形容本酒勁道如同被騾子後腳踢到一般帶勁。本酒酒力強勁，是一飲即醉的雞尾酒。美國首位伏特加製造商修布蘭公司，為打開伏特加銷路而特別推薦本酒。傾刻之間，全美的伏特加消耗量激漲數倍之多；因此，莫斯科騾子一經推出立即造成轟動，眾所公認，是個不折不扣的烈酒，酒力勁道之強，一喝馬上會醉！

當然，檸檬汁與薑汁汽水所營造出來的美味誘惑，常成為人們對其無力設防、輕飄飄之感的原因，但醉後的感覺依然美好。

作法
取高球杯，加冰塊注入材料，輕輕攪拌。

實用小資訊
檸檬汁可用萊姆汁代替，但其爽口滋味會減少幾分。試試莫斯科騾子，如同品嚐被拳擊手擊倒的滋味。

神風特攻隊
Kamikaze

神風特攻隊，日文名，指第二次世界大戰末期的日本空軍特攻機。此酒誕生於日本之敵人——美國。因聯軍美國人有感於神風特攻隊的威力，而以此命名。此酒口感如特攻隊般銳利無比，無色柑橘酒的香灑加上伏特加的酒勁的確相當銳利，為一攻擊喉及舌的雞尾酒。

作法
將下述材料加冰塊在雪克杯中搖勻，倒入老式杯中，切一片檸檬入杯中。

實用小資訊
伏特加、柑橘酒和檸檬汁的組合，口感強勁而順口，帶有特攻隊般銳利的辛辣風味，這是一杯適合酒量好的人飲用。

材料
伏特加　大量杯 1 杯
檸檬汁　小量杯 1/2 杯
薑汁汽水加滿

Moscow Mule
Vodka 1.5 oz
Lemon Juice 1/2 oz
Ice
Full up with Ginger Soda
Stir
Higball Glass

材料
伏特加　大量杯 1 杯
柑橘酒　小量杯 1/2 杯
檸檬汁或萊姆汁　小量杯 1/2 杯

Kamikaze
Vodka 1 1/2 oz
Cointreau 1/2 oz
Lemon Juice or Lime Juice 1/2 oz
Ice
Shake
Old Fashion Glass
Lemon Slice

　　龍舌蘭酒源起於墨西哥的麥茲卡(Mezcal)，麥茲卡位於該國的傑立克州(Jalisco)。龍舌蘭酒是由墨西哥的土人─阿茲特克人(Aztecs)所發現的一種龍舌蘭植物(Tequila)所做成的烈酒。龍舌蘭植物有四百餘種，只有藍色龍舌蘭(Teguila Weber)適合釀酒。龍舌蘭一辭在墨西哥語意為山丘(Tel)與熔岩(Quila=Lava)的合稱，意為當地山丘起伏，且在起伏中夾雜著豐沃的紅色火山岩土壤，土壤內滋養著獨特的龍舌蘭植物。

Tequila

龍舌蘭一辭，取其意境，故而得名，它是酒名、植物名，還是地名。墨西哥政府眼見該植物所釀製的酒為全世界獨一無二的稀有珍品，遂效法法國作法，採取該國利潤獨享政策，法律劃分「龍舌蘭區」，只有在當地，即龍舌蘭區(Teguila Area)所生產的龍舌蘭酒，才謂之龍舌蘭酒，且必含一半以上的藍色龍舌蘭植物為原料。由於他人、他地、他國不得製造該酒，龍舌蘭酒的確為墨西哥政府帶來了無窮盡的財富稅收。藍色龍舌蘭植物，又名美國蘆薈，其生長過程緩慢，約八至十年不等。作為釀酒的部位，不是葉子而是果實；其果實碩大，自地下冒出，約一百磅以上，待果實成熟後，先砍掉外層葉子，取其中心部位置於爐內(85°C)蒸煮一至二天。果實的成熟度很重要，過熟則組織纖維變硬導致澱粉不足，未熟則無法顯現特殊風味，唯有適當成熟的果實，其中充滿著香甜黏稠的澱粉汁液，才是釀酒的最佳材料。

在蒸煮的過程中，該植物纖物逐漸軟化，濃縮醣類甜汁，壓擠壓榨後萃取甜汁，置於大桶內發酵約一星期。發酵時若使用不同的天然酵母菌則該酒會產生不同的特殊香味，反之若使用人工酵母菌則無。發酵後蒸餾二次或三次，使得酒精濃度變為百分之四十五或更高。蒸餾後即得無色龍舌蘭酒(White Teguila),無色透明，未經橡木桶貯存熟成；若置於橡木桶內貯存一年以上，即得金色龍舌蘭(Gold Teguila)，琥珀色，味道與白蘭地相似，但香味不同。

關於龍舌蘭毛毛蟲的故事：很久以前，當人們釀造好龍舌蘭酒，飲用時意外地發現在酒容器中躺著一隻毛毛蟲（毛毛蟲自己爬造去的），於是人們爭先恐後地搶飲該容器內的酒，出乎意料之外的是：大家公認該酒味道非凡。於是，人們以後就在酒中放入毛毛蟲以吸引顧客，含毛毛蟲的龍舌蘭酒比不含者在價格上貴出許多，至於味道的差異，只有自己品味才略知一二。

中國人愛好食補，在飲用毛毛蟲的龍舌蘭酒時，到底補不補呢？

旭日東升
Tequla Sunrise

柔軟的雲彩色調，彷彿旭日初升之際，雲朵與霞光溶成一片，而朝陽正欲破雲而出！

龍舌蘭酒是著名的墨西哥酒，從植物龍舌蘭中蒸餾製造而成。本道雞尾酒在口感、味道及酒精度都是女性的最愛。龍舌蘭配上香甜的柳澄原汁，是仲夏解暑的清涼飲料。酒精濃度屬普通中等，口味屬中等甜味。

作法
加冰塊攪拌均勻龍舌蘭酒及柳橙汁後，在杯的邊緣緩緩倒入紅石榴汁，呈現黃裡透紅，紅裡透黃的美麗景象。

實用小資訊
紅石榴汁非酒，在此產生日出的漸層色澤效果，景色相當宜人。太陽似出非出的旭日東升之美，是美麗的奇景。本酒又名龍舌蘭日出，是龍舌蘭酒的代表作品。本酒的做法秘訣是龍舌蘭酒和柳澄汁均需冷藏才好喝。

材料
龍舌蘭酒大量 1 杯
柳橙汁加滿
紅石榴汁數滴

Tequla Sunrise
Tequila 1.5 oz
Full up with Orauge Juice
Stir
Slowly Pour
Grenadine

旭日東升 Tequla Sunrise

長島茶（長島冰茶）
Long Island Tea

長島茶非茶，是雞尾酒中唯一冠有茶之名，而實非也。沒有紅茶配方，卻調成紅茶色澤，且有紅茶風味。美式口味，仲夏解暑流行之飲料，頗受大眾歡迎。

本酒於1980年誕生於美國西海岸，卻取名為美國東岸紐約州的島嶼，原因成謎。

作法
將下述所有材料加冰塊倒入可林杯後，最後加滿可樂。

材料
伏特加　小量杯 2/3 杯
琴酒　小量杯 2/3 杯
蘭姆酒　小量杯 2/3 杯
龍舌蘭　小量杯 2/3 杯
柑橘酒　小量杯 1/2 杯
果糖 1小匙
柳橙汁　小量杯 1 杯
檸檬汁　小量杯 1 杯

Long Island Tea
Vodka 2/3 oz
Rum 2/3 oz
Gin 2/3 oz
Tequila 2/3 oz
Cointreau 1/2 oz
Sugar 1 tsp
Orange Juice 1 oz
Lemon Juice 1 oz
Pour
Full up with Coke

長島茶（長島冰茶）Long Island Tea

外交大使 ———————
Ambassador

龍舌蘭加柳橙汁的口味，非常爽口宜人。柳橙汁中含豐富的維他命C，有益消化和健康。出國使臣、外交官等無不愛喝。

作法
取老式威士忌杯加冰塊，倒入下述材料即可。

碎冰船 ———————
Icebreaker

龍舌蘭加葡萄柚汁的滋味，亦是令人想像不到的風味，像在冰海上行走的破冰船，有乘風破浪之感，勇不可挫！

作法
將下述材料放入果汁機中打碎，低速15秒，過濾冰塊後，倒入雞尾酒杯中純喝。

材料
龍舌蘭 小量杯 2 杯
果糖 1 大匙
新鮮柳橙汁加滿

Ambassador
Tequila 2 oz
Syrup 1 T
Full up with Orange Juice
Build
Old Fashion Glass

材料
龍舌蘭 小量杯 2 杯
柑橘酒 小量杯 1/2 杯
紅石榴汁 1 小匙
葡萄柚汁小量杯 2 杯
碎冰 4 盎司

Icebreaker
Tequila 2 oz
Cointreau 1/2 oz
Greadine 1 T
Grapefruit Juice 2 oz
Crushed Ice
Blended at low key 15 seconds
Strain
Straiget up

飛殤醉月 Drunken Moon

飛殤醉月 ———
Drunken Moon

臺灣高粱酒與墨西哥酒的混合，是中外精華集一身；新穎亮麗的色彩和味道搭配，彷彿時代最新潮流，又彷彿心碎醉人！帶有溫柔婉約、羅曼蒂克之情；甜蜜動情中又帶有辛辣的滋味，猶如在醉人的月光下，懷著一顆蠢蠢欲動的心，真的，別有風情，特別誘人！

作法
將所有材料除汽水外，皆放在雪克杯中加冰塊搖晃均勻，倒入酒杯中用汽水加滿。

實用小資訊
「飛殤醉月」乃作者取名於醉人的月下，高舉飛舞的酒杯而感懷所致；已使無數飲君子拜倒杯下，令人讚嘆！

材料
龍舌蘭 小量杯 1 杯
高粱酒 小量杯 1/2 杯
綠薄荷酒 小量杯 1/2 杯
可爾必思 小量杯 1 杯
糖漿 小量杯 1/ 2杯
汽水加滿

Drunken Moon
Drunken Moon
Tequila 1 o.z.
Aroma Kao Liang 1/2 o.z.
Creme De Menthe (G) 1/2 o.z.
Calpis 1 o.z.
Syrup 1/2 o.z.
Full up with Soda

瑪格麗特
Margarita

本酒酒名乃女人之名，思念難忘的戀人之意，故本酒在過去和現在，都極受女性歡迎。本酒的由來有兩種說法：一是洛杉磯一名酒保珍·杜若莎為紀念已故情人所想出，另一是洛杉磯酒保簡·雷得沙年輕時狩獵誤擊墨西哥情人——瑪格麗特，為紀念瑪格麗特的犧牲，而創作此酒。

不論何者為其真實由來，瑪格麗特為一杯含著悲情羅曼史的龍舌蘭雞尾酒；尤其是類似雪糖杯緣之鹽與與龍舌蘭風味相得益彰，宛如悲情的淚水。經由鹽杯處理的過程襯托檸檬的酸味，更能引起龍舌蘭的爽口風味，且酒中的酸味，更顯得在失去戀人的心情下喝下此酒。

此酒在1949年全美雞尾酒大賽中獲得極高之評價。

作法

將下述材料放入雪克杯中加冰塊搖晃後，倒入杯口沾滿鹽巴的雞尾酒杯。

杯口沾鹽巴的方法為，檸檬切半，鹽巴均勻撒在盤中或紙中，杯口貼住盤或紙後緩慢旋轉，使整個杯口沾滿鹽巴。

實用小資訊

材料中之柑橘酒若換成藍柑香酒，就成為藍色瑪格麗特，其藍色所釀成的憂鬱，似乎比白色更能表達失戀的心情。

另有雪泥瑪格麗特，材料一樣，只是加碎冰在果汁機打，且所有材料皆需在冰箱冰過。

材料
龍舌蘭　大量杯 1 杯
柑橘酒　小量杯 1/2 杯
檸檬汁（或萊姆汁）小量杯 3/4 杯

Margarita
Tequila 1.5 oz
Cointreau 1/2 oz
Lemon Juice 3/4 oz (or Lime Juice)
Salt Rim
Shake
Cocktail Glass

Blue Margarita
Tequila 1.5 oz
Blue Curacao 1/2 oz
Lemon Juice 3/4 oz
Salt Rim
Shake
Cocktail Glass

Frozen Margarita
Tequila 1.5 oz
Cointreau 1/2 oz
Lemon Juice 3/4 oz
Salt Rim
Blended with Ice

瑪格麗特 Margarita

銹鐵釘 Rusty Nail

Whisky

威士忌

　　威士忌源起於愛爾蘭，其意為生命之水，是以磨碎的穀物糧食(大麥、小麥、裸麥、玉米等)為原料，以大麥芽為糖化劑，糖化生成麥芽糖後，再加酵母進行液態發酵，然後再經蒸餾過程，過濾後置於橡木桶中醞釀熟貯所製成的一種蒸餾酒。源產於英國英格蘭高地，並隨著大英帝國的殖民政策到達世界各地，成為最早進入中國的洋酒。

　　威士忌的分類方法很多，可依產區或原料區分。

基本上分為下面四類：

一、蘇格蘭威士忌(Scotch Whisky)

蘇格蘭威士忌原料是純大麥芽，釀造時以泥煤為燃料，以草炭薰過烘乾的效果，使得大麥芽染上煙燻味，薰過後的清爽香味保留於酒中，具辣味；酒中具有特殊的煙薰風味，與泥煤薰香麥香，成為蘇格蘭威士忌特有之風格，粗獷豪爽不在話下。還有一種蘇格蘭威士忌，是混合百分之八十的玉米及百分之二十的麥芽而成的混合威士忌(Blended Whisky)，味道較前者稍溫和。

二、愛爾蘭威士忌(Irish Whiskey)

愛爾蘭威士忌是以大麥芽加上大麥穀物及特殊的愛爾蘭泉水釀製，無煙薰烤，無泥煤烘乾，連續三次蒸餾後陳放，具辣味。愛爾蘭泉水水質軟、純淨，少量近無的礦物質含量是本酒的最大特色。

三、美國威士忌(Bourbon Whiskey or American Whiskey)

美國威士忌有好幾種，有的以純裸麥(即黑麥)製成，有的以純玉米製成，也有以裸麥及玉米混合而成。皆以大麥芽為糖化劑，液態發酵法發酵及蒸餾而成。美國威士忌原產於美國肯德基州波本鎮(Bourbon)，是一種玉米威士忌，已有二百年歷史。

四、加拿大威士忌(Canadian Whisky)

加拿大威士忌又名黑麥威士忌或調合威士忌，是以裸麥、玉米、小麥及大麥麥芽釀製而成，採連續式蒸餾，貯存於內部燒成炭的木桶內，至少三、四年。其原料穀物尤耐酷寒，穀物比例為酒廠機密。

基本上，每一種威士忌都是依威士忌的基本製程：混合、發酵、蒸餾及貯存釀製成。影響威士忌本身品質和味道的因素，不外乎是其穀類成份、釀酒技術、酵母菌品種、發酵環境、蒸餾設備方法及最後的熟化木桶等。

銹鐵釘
Rusty Nail

蘇格蘭威士忌及蘇格蘭威士忌所釀製的利口酒（蜂蜜香甜酒），都屬於老酒。本酒推薦給喜歡真正蘇格蘭威士忌風味的人，略帶紅銹色澤，像是生銹的釘子組合的特色。

本道雞尾酒是世界級的聲譽，在世界各地的Pub享有非常的盛名；在檸檬味及威士忌中，品嚐人間美味，是人生一大享受。

作法
將下述材料放入老式杯中，再放入檸檬片即可。

實用小資訊
本酒屬飯後酒，歐式口味，酒精度濃。不喜歡者，可把蘇格蘭威士忌的量加倍，從原來的1：1改成2：1。

威士忌咖啡
Drambuie Coffee

結合咖啡和特製威士忌香甜酒的香味，是一個非常特別的組合。

作法
先熱過咖啡杯，再倒入熱咖啡及威士忌蜂蜜香甜酒，最後淋上發泡鮮奶油。

威士忌咖啡 Drambuie Coffee

材料
蘇格蘭威士忌 大量杯 1 杯
威士忌蜂蜜香甜酒 大量杯 1 杯
冰塊

Rusty Nail
Scotch 1.5 oz
Drambuie 1.5 oz
Ice
Pour
Lemon Slice
Old Fashion Glss

材料
熱咖啡 3/4 杯
威士忌蜂蜜香甜酒Drambuie 1/4 杯
發泡鮮奶油

Drambuie Coffee
Hot Coffee 3/4 Cup
Drambuie 1/4 Cup
Cream on the Top
Hot Coffee Cup

往日情懷 —————
Old Fashioned

往日情懷，又名老式酒，創於十九世紀中，美國肯德基州路易斯維的酒吧，為當時賽馬迷最愛喝的飲料。至今仍非常有名，一直受人歡迎的老式美國風味。本酒中威士忌以英國波本威士忌為最理想，飲酒樂趣在於一面以攪拌匙擠壓水果及糖，一面調出自己喜好的口味。

作法
除美國波本威士忌外，其餘材料皆放入老式杯中磨碎，加冰塊及美國波本威士忌。

材料
美國波本威士忌　大量杯 1 杯
方糖 1/2 個或白糖粉 1 小匙
苦汁液 3 滴
蘇打 1/3 杯
檸檬切片 1 片
柳橙切片 1 片
紅櫻桃 1 粒

曼哈頓 Manhattan

曼哈頓
Manhattan

曼哈頓屬飯前飲用，以增加食慾。口味為甜味，苦艾酒溫柔地包圍著微苦的威士忌，口感優美，宛如夕陽，美式口味。

作法
將下述材料放入雞尾酒中，以紅櫻桃或檸檬片裝飾。

實用小資訊
本作法採磨碎法，是舊式風味。新法即現代法，是將材料2、3、4磨碎後，5、6、7為裝飾杯內。本道雞尾酒是世界級的聲譽，在世界各地的Pub享有非常的盛名；在檸檬味及威士忌中，品嚐人間美味，是人生一大享受。

實用小資訊
此酒由來傳說有二：

一、為馬里蘭州的酒保，為使受傷持槍歹徒清醒，提神解悶之用；

二、為英前首相邱吉爾母親，在紐約曼哈頓的夜總會所製。究竟真相如何，無人知曉。道地的曼哈頓須要用裸麥威士忌，即加拿大威士忌，或是部份用純裸麥做成的美國波本威士忌，若用非裸麥威士忌，則味道遜色很多。

基本上，曼哈頓有三種：分為

1. 甜蜜曼哈頓 Sweet Manhattan，用甜苦艾酒作成。

2. 完美曼哈頓 Perfect Manhttan，一半甜苦艾酒，一半辛辣苦艾酒。

3. 辛辣曼哈頓 Dry Manhattan，用辛辣苦艾酒作成。

Old Fashioned
Suger 1 tsp
Bitter 3 Dash
Soda (1/3)
Lemon Slice
Orange Slice
Red Cherry
Muddle until mixture is well ground.
Full the glass with ice & Bourbon Whisky 1.5 oz
Old Fashioned Glass

材料
威士忌 大量杯 1 杯
甜苦艾酒 小量杯 3/4 杯

Sweet Manhattan
Rye Whisky 1 1/2 oz
Sweet Vermonth 3/4 oz
Stir
Cocktait Glass
Red Cherry or Lemon Slice

Perfect Manhattan
Rye Whisky 1 1/2 oz
Sweet Vermonth 1/2 oz
Dry Vermonth 1/2 oz
Stir
Cocktail Glass
Red Cherry or Lemon Slice

Dry Manhattan
Rye Whisky 1 1/2 oz
Dry Vermonth 3/4 oz
Stir
Cocktail Glass
Red Cherry or Lemon Slice

豔遇
Hunter

本酒僅是威士忌和櫻桃酒混合而成，作法簡單容易。威士忌的純烈與櫻桃酒的甘香，其美妙的滋味，瀟灑、妖豔且不失其帥氣！本酒不是小口小口的品啜，而是一次喝下，然後慢慢享受其舌間餘韻。

作法
將下述材料在雪克杯中加冰塊搖勻，雞尾杯中。

實用小資訊
喜愛威士忌者，可將威士忌量增加成3:1。Hunter原為獵人之意，在此引申為夜晚徘徊尋歡獵豔。酒名相當詭異，酒色也透著一絲妖豔，至於酒味，除了它香味的誘惑外，喝它時必須挾帶著男性的瀟灑和帥氣。懂得欣賞此酒者，才是做為一個男人應有的本能。

材料
威士忌 小量杯 2 杯
櫻桃甜酒 小量杯 1 杯

Hunter
Whisky 2 oz
Cherry Liqueur 1 oz
Ice
Shake
Cocktail Glass

誘惑
Temptation

此酒幾乎都是威士忌，僅略帶苦艾之氣味，風格獨具，與眾不同。但沒有純喝或乾飲威士忌的刺喉感覺，口味趨於和緩，因為在撒入少量紅酒和柑橘酒後，味道產生微妙變化，口感絕佳。

作法
加入冰塊混合全部材料，可用雪克杯或直接攪拌即可。

實用小資訊
本酒以會喝酒的男性為主要對象，在甜蜜的滋味下隱藏著高度酒精的危機，即使是酒量極好的男子也難倖免，本酒就是一個名副其實的致命誘惑！

材料
威士忌 大量杯 1.5 杯
Dubonnet紅葡萄酒 2 滴
苦艾酒 2 滴
柑橘酒 2 滴

Temptation
Whisky 2.5 oz
Dubonnet 2 Dash
Vermonth 2 Dash
Cointreau 2 Dash
Ice
Stir or Shake
Cocktail Glass

威士忌沙瓦
Whisky Sour

烈酒中加入酸及甜味，成為酸味蓋過甜味的辛辣酸酒，是酸性雞尾酒的古典傑作。

沙瓦（Sour）即在烈酒內加酸，特徵在增加酸味，抑制甜味，且清爽的檸檬香味，可一掃身心疲勞。

作法
下述材料直接攪拌，或在雪克杯中搖晃後，注入雞尾酒杯。

實用小資訊
本酒變化多端，基酒可用琴酒，而成為琴酒沙瓦（Gin Sour）。用白蘭地，而為白蘭沙瓦（Brandy Sour），基酒可用任何一種烈酒取代之。

材料
威士忌 大量杯 1 杯
檸檬汁 小量杯 3/4 杯
果糖 小量杯 1/2 杯
冰塊

Whisky Sour
Whisky 1 1/2 oz
Lemon Juice 3/4 oz
Syrup 1/2 oz
Ice
Stir or Shake
Locktail Glass

約翰可林——
John Collins

本酒是威士忌沙瓦的延申，比威士忌沙瓦多出蘇打水而已，但檸檬汁的酸味透過蘇打水的註釋，更顯得分外凸出。再加上小量果糖的融合，更增加一體感。

本酒為十九世紀時，英倫敦名調酒師約翰可林 John Collins 所創作之古典雞尾酒。當時以琴酒為基酒，後來以琴酒基酒者，稱之湯姆可林 Tom Collins；還有以愛爾蘭威士忌 Irish Whiskey 為基酒者，稱之麥可可林 Mike Collins；蘋果白蘭地為基酒者，稱之傑克可林 Jack Collins；康涅克白蘭地 Cognac為基酒者，稱之派瑞可林 Pierre Collins；或以蘭姆酒為基酒者，稱之派克可林 Pedro Collins。

作法
將材料威士忌、檸檬汁及果糖在雪克杯中加冰塊搖晃，注入可林杯中，緩緩倒進蘇打水，勿攪拌。

實用小資訊
本酒屬美式口味，藉著檸檬汁的香氣和蘇打水中，嗅著威士忌特有的濃郁味道。喜酒精者，可將威士忌量增加。

Base	Name
Whisky	John Collins
Gin	Tom Collins
Irish Whisky	Mike Collins
Apple Brandy	Jack Collins
Cognac	Pierre Collins
Rum	Pedro Collins

材料
威士忌 大量杯 1 杯
檸檬汁 小量杯 3/4 杯
果糖 小量杯 1/2 杯
冰塊
汽水（蘇打水）

John Collins
Whisky 1 1/2 oz
Lemon Juice 3/4 oz
Syrup 1/2 oz
Ice
Shake
Full up with Soda
Collin Glasss

約翰可林 John Collins

香甜酒

Liqueur

香甜酒是以蒸餾酒、釀造酒為基礎，配以花果、植物、藥材等輔料混合後，再加工（蒸餾、浸清、調配混合）製成，具有特殊香味、甜味及色澤的飲料酒。

香甜酒的種類，數以千計，配方及製造過程，一直被視為高度機密：大致來說，可分為三大類：藥草、香料類，核果類，及水果類。

綠色蚱蜢 Grsshopper

綠色蚱蜢
Grsshopper

用薄荷香氣、可可酒及鮮奶油搭配出綠色柔和、清淡典雅的氣息，滑嫩的口味，適合做飯後甜點。

作法
將材料及冰塊依序放入雪克杯中，用力搖動後倒入雞尾酒杯中。

實用小資訊
綠色蚱蜢還有另一種調製法是：將綠色薄荷酒及白色可可酒用雪克杯混合均勻後，倒入杯中，再倒入鮮奶油，使其浮於表面，可用湯匙背緩緩倒入，此種方法的綠色蚱蜢，又名小黃瓜雞尾酒Cucumber。

飛行蚱蜢
Flying Grasshopper

將綠色蚱蜢的鮮奶油換成烈酒伏特加，就成了飛行蚱蜢。飛行蚱蜢與綠色蚱蜢的最大不同，是在於伏特加的作用；有了伏特加的內涵，綠色蚱蜢就會飛了，飄飄欲仙之感，油然而生。

作法
將下述材料加冰塊用雪克杯搖勻，倒入雞尾酒杯中，可用紅櫻桃裝飾之。

轟炸機
B52

B52轟炸機是使人膽戰心驚且聞之駭然，飲用此酒正是此感。

作法
將下述三種酒依序倒入香甜酒杯，可藉著調酒匙或湯匙的背面，緩緩倒下。

實用小資訊
本酒的喝法有兩種：
1. 依照上述作法，不加冰塊，會有三層美麗的顏色，從上至下為透明、白與黑。點燃最上層的透明伏特加後，用一根吸管深入杯底，從最底層用力一吸；一定要一飲而盡，中氣不足則後果嚴重。

材料
綠色薄荷酒　小量杯 1 杯
白色可可酒　小量杯 1 杯
鮮奶油　小量杯1杯（奶球1個）

Grsshopper
Creme de Cacao (G) 1 oz
Creme de Cacao (W) 1 oz
Creme
Ice
Shake
Cocktail Glass

材料
伏特加　小量杯 1 杯
綠色薄荷酒　小量杯 1 杯
白色可可酒　小量杯 1 杯

Flying Grasshopper
Vodka 1 oz
Creme de Cacao (G) 1 oz
Creme de Cacao (W) 1 oz
Ice
Shake
Cocktail Glass
Red Cherry

材料
咖啡香甜酒　小量杯 1/2 杯
愛爾蘭奶油酒　小量杯 1/2 杯
伏特加　小量杯 1/2 杯

B52
Coffee Liqueur 1/2 oz
Bailey Irish Cream 1/2 oz
Vodka 1/2 oz
Pour
Build
Fire Vodka First
Drink Immediately from the Bottom.

2. 將三種材料加冰塊雪克杯搖勻，倒入杯中飲用。此法在英美流行，因轟炸機為射擊者，故此法適合於趕時間或急性子之人飲用。

轟炸機 B52

金色凱迪拉克
Golden Cadillac

閃爍著富裕的金黃色澤，讓人想起象徵富裕的美國最高級車——凱迪拉克，此酒格調極高，是以義大利加利安香甜酒為主角。主角Galliano是以1890年衣索匹亞戰爭英雄——加利安上尉命名，是一種帶有香草風味的藥用酒，它能調製出迷人的金黃色澤。

作法
將下述材料加冰塊在雪克杯中搖勻，倒入雞尾酒杯中，以紅櫻桃裝飾之。

實用小資訊
沈穩的可可酒配上金黃色澤，本酒適合餐後品味。若將本酒材料中的可可酒，換成柑橘酒與橘子汁，即成為另一道名雞尾酒——金色的夢。

材料
義大利加利安香甜酒 小量杯 1 杯
白色可可酒 小量杯 1/2 杯
鮮奶油 小量杯 1/2 杯（1球）

Golden Cadillac
Galliano 1 oz
Creme de Cacao (W) 1/2 oz
Creme 1/2 oz
Ice
Shake
Cocktail Glass

金色的夢
Golden Dream

人人都會做夢，但是金黃色的夢卻不容易。金黃色是象徵富貴吉祥的顏色，如同酒一般，飯後來一杯金色的夢，除了滿足感，更帶來大吉大利的兆頭。

作法
將下述材料加冰塊在雪克杯中搖勻，倒入雞尾酒杯中，再將紅櫻桃去入杯中。

材料
義大利加利安香甜酒 小量杯 1 杯
柑橘酒 小量杯 1/2 杯
柳橙汁 小量杯 1/2 杯
鮮奶油 小量杯 1/2 杯

Golden Dream
Galliano 1 oz
Cointreau 1/2 oz
Orange Juice 1/2 oz
Cream 1/2 oz
Ice
Shake
Cocktail Glass
Red Cherry

南方佳人
Southern Lady

南方安逸酒是美國本土特有的香甜酒，勁味夠，香味足。

作法
在雪克杯中，將下述兩項材料及冰塊均勻搖晃後，倒入高球杯中，再加滿蘇打水及檸檬片即可。

激情的女人
Passion Woman

浪漫夜晚時分，小倆口的甜蜜氣氛，加上酒精不穩定因子的催化，酸酸甜甜的口味，似熱帶雨林般地多彩多姿，激盪內心熱情澎湃；它象徵著熱戀情侶的甜蜜，散發暖暖戀情的熱力，讓天長地 "酒"，真情相擁。

作法
將前4項材料及冰塊倒入雪克杯中搖晃均勻，倒入酒杯中，再用蘇打水加滿，最後用綠色櫻桃裝飾。

實用小資訊
本酒清新舒暢的滋味，讓人有種漫步在雲端的感覺；它代表著戀情的成熟，使相互扶持的伴侶，共同享受美好的點滴回憶，更增進彼此間的默契，分享對方的一切。

材料
南方安逸酒　大量杯 1 杯
鳳梨汁　大量杯 3 杯

Southern Lady
Southern Lady Southen Comfort 1 1/2 oz
Pineapple Juice 3 oz
Shake with ice
Full with Soda
Highball Glass
Lemon Wedge

材料
伏特加　小量杯 1 杯
香瓜甜酒　大量杯 1 杯
檸檬汁　小量杯 1/2 杯
果糖　小量杯 1 杯
蘇打水加滿

Passion Woman
Vodka 1 oz
Melon Liqueur 1.5 oz
Lemon Juice 0.5 oz
Syrup 1oz
Shake
Full up with Soda

激情的女人Passion Woman

梅酒
Making Plum Wine

梅酒是用梅子（青梅）醃製的酒，自己動手做的方法並不難，而且乾淨衛生。坊間有不少的醃製偏方，在此僅提供其醃製秘訣。

作法

1. 四、五、六月為青梅盛產季節，亦是醃製梅酒的最好時機。可在傳統市場購得 新鮮青梅。
2. 將青梅洗淨並去頭蒂。
3. 放在室內陰乾或除濕機烘乾至梅子完全無水份。
4. 將青梅放在有蓋子的容器中，放入冰糖2兩（約4大匙），最後倒入米酒一瓶，使酒的液面超過梅子。
5. 此容器置於陰暗的角落裡，蓋緊蓋子，切勿日曬高溫，以免影響酒質。
6. 之後，大約每兩星期左右，加入冰糖一兩（約2大匙），開蓋子時，會有二氧化碳之氣體散出，須小心謹慎。
7. 如此重覆做，約五至六次，三個月後，即是自己釀製的美味梅酒，放在冰箱內保存，飲用時冰涼透心，畢竟，自己做的梅酒，點滴在心頭。

實用小資訊

台灣雖有梅子王國之聲譽，但梅酒卻是日本人獨享盛名且大賺其錢。根據日人的統計資料顯示，嗜食梅子的日本，在過去有高達百分之九十五的台灣進口梅胚之記錄，您相信嗎？自己動手醃製做成的梅酒是無法和日本進口的梅酒相比較；因為，自製梅酒的滋味只有更美妙囉！

材料

青梅 1 斤
米酒 1 瓶
冰糖 半斤

Making Plum Wine

Fresh Green Plum 600 g
Rice Wine 1 Bottle
Sugar 4 T
Dry up plum.Container with lid,
rice wine have to cover green plum.
Every 2 weeks added sugar 2T,
for about 5~6 times. 3 months later,
plum wine maded, keep in cool.

梅里
Plum Special

本酒是為愛好梅酒者所設計，能消除疲勞，令人心曠神怡。

作法

將材料前4項放入雪克杯中搖晃，注入酒杯，加入冰塊，注滿蘇打水，輕輕攪拌，加入青梅裝飾。

實用小資訊

台灣省梅子王國的美譽，且梅子本身含有豐富的鈣、磷、鐵。梅子在人體中，不僅僅可以清除食物、水及血中的毒素，更可以達到中和的作用，維持體內平衡。

材料

梅子酒 大量杯 1 杯
檸檬汁 小量杯 1 杯
萊姆汁 小量杯 1/2 杯
果糖 小量杯 1/2 杯
蘇打水加到滿
青梅或醃漬酒梅 1 粒

Plum Special

Plum Wine 1.5 oz
Lemon Juice 1 oz
Lime Juice 1/2 oz
Syrup 1/2 oz
Shake with Ice
Full up with Soda
Plum

奇奇或七七
Chi-Chi or Double Seven

本酒為具南國風味的熱帶雞尾酒代表作，由夏威夷的艾吉諾奇所創，適合夏天飲用，以水果裝飾華麗為其特徵。鮮奶油可有可無，椰子香甜酒可用椰子奶取代，但酒精濃度降低。

Chi-Chi 非夏威夷吐語，乃美國民間俚語，意謂瀟灑性格。

作法
將下述材料加冰塊在雪克杯中搖晃，或用果汁機打，注入裝滿碎冰的酒杯中，飾以季節性水果。

實用小資訊
椰子奶或酒的甘甜和香味為重點，是溫和而具有綺麗風情的熱帶雞尾酒。本酒很受女性歡迎；宴會中製作能獲絕佳好評。

材料
伏特加 大量杯 1 杯
椰子香甜酒 小量杯 1 杯
鳳梨汁 小量杯 2 杯
鮮奶油 小量杯 1/2 杯（或奶球一個）

Chi-Chi or Double Seven
Vodka 1.5 oz
Coconut Liqueur (or Milk) 1.5 oz
Pineapple Juice 3 oz
Cream 1/2 oz
Shake or Blended with Ice
Seasoned Fruit like Pineapple Slice,
or Red Cherry
Highball Glass

朝代
Dynasty

這是使用杏仁酒和香甜的安逸酒調混而成。色彩是溫和的金黃色。兩種擁有極佳香味的酒在一起，就成了香味加層的甜酒，一端上來，還沒有喝人已先醉，因香味太叫人沈醉了。

作法
在雞尾酒杯中裝冰塊，及倒入下述兩種酒。

實用小資訊
南方安逸香甜酒是美國本土特有的香甜酒，勁道夠、香味足，在美國酒吧使用得非常多！

材料
古方安逸香甜酒 大量杯 1 杯
杏果香甜酒 大量杯 1 杯
冰塊

Dynasty
Southern Comfort 1 1/2 oz
Amaretto 1 1/2 oz
Ice
Pour
Cocktail Glass

莫札特巧克力香甜酒 Mozart Liqueur

天使之吻
Angel Kiss

酒甜而濃郁的滋味可以想見天使甜蜜的臉蛋。吻是出自紅色小小的櫻桃；在喝天使之吻前，先將插著牙籤的櫻桃沈入杯底後拿起，令白色的鮮奶油在酒中形成美妙的渦狀，從上往下看時，像一束燃燒的火焰，宛如天使之吻。本酒含有香甜可口的奶油香味，適合餐後飲用。

原名 Angel Tip 天使的暗示，日本人正其名為 Angel Kiss 天使之吻，有著可可酒交織鮮奶油，味道香馥，香醇味甜，色澤濃厚之感。

作法

在利口酒杯中倒入可可酒（奶油酒），再放入鮮奶油，使鮮奶油浮在上面，可利用調酒匙的背部倒入，最後紅櫻桃插入酒籤或牙籤，橫置在杯口（杯緣）做為裝飾。

實用小資訊

天使之吻的奶油酒為白色Creme de Cacao (W)，若改為綠色薄荷酒Creme de Cacao (G)代替，即成另一道雞尾酒—古巴人Cuban。

本天使之吻為真正天使之吻的變化，且廣受流行歡迎。真正天使之吻，實乃四色酒，四種顏色層層區分，其配方為可可酒、紫羅蘭利口酒、白蘭地、鮮奶油各1/2盎司（小量杯1/2杯），依序靜靜倒入酒杯中，形成不同的色澤層次。

熱情之吻
Kiss of Fire

淡褐色泛粉紅的酒汁映著杯口雪白之糖，是鮮明香、熱戀中的風味，本酒散發出之熱力如酒名般，是全天下陷入熱戀的男女不可不喝之雞尾酒。由細雪裝點出來的杯子感覺華麗，再映著杯中成熟穩重的景象，是一個美景如畫、畫如夢的境界；觀賞之餘，細細品啜熱情之吻的感受，甜酸香味及淡淡的苦澀味。

作法

先將雞尾酒杯口沾溼檸檬後，再沾白糖粉，作成雪糖。下述材料加冰塊用雪克杯搖勻後，倒入杯中。

實用小資訊

本酒誕於1953年第五屆全日本飲料大賽的優勝作品，作者石岡賢司先生是以當時流行歌曲命名，並以當時之心情而做出本酒。

材料
可可酒 大量杯 1 杯
鮮奶油 小量杯 1/2 杯（奶球1個）

Angel Kiss
Creme de Cacao (W) 1 1/2 oz
Creme 1/2 oz
Red Cherry on the Top
Pour
Build

材料
伏特加 小量杯 1 杯
野莓琴酒 小量杯 1 杯
辛辣苦艾酒 小量杯 1 杯
檸檬汁 2 滴

Kiss of Fire
Vodka 1 oz
Sole Gin 1 oz
Dry Vermouth 1 oz
Lemon Juice 2 Dash
Sugar Rim
Shake with Ice
Cocktail Glass

等愛
Waiting Love

愛是一種酒，一種捉摸不定的感覺，飲了就化作無限私念濃郁香醇的口感，如同等待愛情的滋潤，如沐春風，感同身受。紫羅蘭酒是澄澈的紫色，非常迷人；加入蘇打汽水，使紫色更加清澈。

作法
將前4項材料加冰塊在雪克杯中搖晃後，倒入酒杯中，最後加滿汽水。

實用小資訊

命裡有時終須有，命裡無時莫強求；歌哭笑淚的人群中，生命一縱而逝。

生命的美好，在於其用心去體認與感受；雖然，無人知曉下一秒會是什麼，卻仍是不斷地探頭，不斷地追尋屬於自己的芬芳。情海浮沉，在付出的同時，內心所感受到的愛是滿滿的。如同真情摯愛，激情浪漫，包容寬諒，扶持相伴。

孤燈下，依然等待的心情泛起水花；勇於付出，真誠以待，因為等愛不怕花時過！

材料
紫羅蘭酒 大量杯 1 杯
燒酎酒 小量杯 1 杯
檸檬汁 小量杯 1/3 杯
果糖 小量杯 1/2 杯
蘇打水(或汽水)加滿

Waiting Love
Parfait Amour 1 1/2 oz
Japanese Rice Wine 1 oz
Lemon Juice 1/3 oz
Syrup 1/2 oz
Shake
Full up with Soda

什錦水果酒 Fruit Punch

Punch
水果酒

什錦水果酒
Fruit Punch

什錦水果酒,適合於各種宴會、酒會、Party等,Purch(潘契)在酒會中,是占有舉足輕重的角色。因其具有美麗的外觀,亮麗爽口的感覺,有製造氣氛的效果,是適合眾人口味的飲料。

作法

在水晶缸(或大鍋)中放入冰塊五分滿,再將酒及果汁依序倒入,充分混合攪拌,最後加入什錦水果或水果切片等。

實用小資訊

1. 蘭姆酒是由甘蔗做成,故其香甜之味,不可言喻。若在雜貨店或公賣局銷售站購得國省(省產)的台灣蘭姆酒,則成本低廉,至於進口洋產蘭姆酒則成本較高,品牌很多種,有淡蘭姆、中蘭姆與深蘭姆之不同,可由其顏色深淺區分之。在什錦水果酒中,酒量可自行控制。以台灣蘭姆酒而言,四分之一瓶是150CC;不喜酒精者,可以將酒量減低至100CC,或更低至50CC;若愛酒精者,可以增加至二分之一瓶或一整瓶。完全端視於是否掌握當日宴客Party中客人的酒量而定;酒量好者可多放些,反之則少放些。Punch的原則是:味道要大眾化,顏色視宴會性質,酒精濃度視客人酒量而定。

2. 什錦水果酒中的三種果汁,可以自行做,亦可在超市購得,唯葡萄柚汁應選紅葡萄柚汁,否則會有苦澀味道。什錦水果酒中使用的是白葡萄汁,目的是使得什錦水果酒成為金黃色,較紅葡萄汁為理想。果汁的量,可用量杯量得。

3. 什錦水果方面,可以買現成的罐頭,如綜合什錦罐頭等,也可以自行切水果放入,如:檸檬薄片、萊姆薄片、蘋果薄片、橘子薄片、奇異果薄片、小黃瓜皮等。新鮮水果所具有的香味,是罐頭水果不能比的。但罐頭什錦水果的好處是節省時間和人力。

材料

台灣蘭姆酒 1/4 瓶(約150cc)
白葡萄汁 500 cc
紅葡萄柚汁 250 cc
柳橙汁 250 cc
什錦水果罐頭 一罐

Fruit Punch

Ice Half Container
Rum 150 CC
White Grape Juice 500 CC
Red Grapefuit Juice 250 CC
Orange Juice 250 CC
Fresh Fruits Or Mixed Fruit Can
Stir

葡萄園之戀 ───
Grape Punch

白蘭地是葡萄發酵蒸餾而成，加上白葡萄原汁和汽水的組合，譜成了美麗的葡萄園之戀。

作法
水晶缸中放冰塊五分滿；除汽水外再將其他材料放入攪拌；最後放入汽水及什錦水果罐頭或水果切片等。

紅酒潘契 ───
Red Wine Punch

本缸之酒為紅色，至於紅酒放多少？1/4瓶、1/2瓶、1瓶？可視客人酒量而定之。

作法
在水晶缸中放冰塊五分滿，除紅酒及汽水外，其他材料全部放入；最後放入紅酒及汽水，水果切片等。

實用小資訊
總之，Punch（潘契）的原則是：
1. 味道要大眾化。
2. 顏色視宴會性質。
3. 酒精濃度視客人酒量而定。

材料
白蘭地 1/2 瓶（可任意增減）
柑橘酒 大量杯 2 杯
果糖 小量杯 2 杯
白葡萄汁 500 cc
汽水 500 cc

Grape Punch
Ice Half Container
Brandy 1/2 Bottle
Cointreau 3 oz
Syrup 2 oz
White Grape Juice 500 CC
Soda 500 CC
Stir
Fruits Slice

材料
紅酒 半瓶
白蘭地大量杯 1 杯
柑橘酒大量杯 1 杯
檸檬汁大量杯 1 杯
果糖 大量杯 1 1/2 杯
保特瓶汽水 半瓶
水果切片

Red Wine Punch
Ice Half Container
Red Wine Half Bottle
Brandy 1.5 oz
Cointreau 1.5 oz
Lemon Juice 1.5 oz
Syrup 2.5 oz
Soda Half Bottle
Stir
Fruits Slice

品味事典CJC0018

酒之風月——100種雞尾酒調法(修訂版)

作　　者—鍾秀敏

責任編輯—郭香君

美術設計—意研堂設計事業有限公司

設計總監—康志嘉

攝 影 師—陳志遠 陶肇康

攝影公司—熙田廣告股份有限公司

封面設計—周家瑤

行銷企劃—張燕宜

董 事 長
　　　　　—孫思照
發 行 人

總 經 理—趙政岷

副總編輯—丘美珍

出 版 者—時報文化出版企業股份有限公司

　　　　　10803台北市和平西路3段240號4樓

　　　　　發行專線—（02）2306-6842

　　　　　讀者服務專線—0800-231-705・（02）2304-7103

　　　　　讀者服務傳眞—（02）2304-6858

　　　　　郵撥—1934-4724時報文化出版公司

　　　　　信箱—台北郵政79～99信箱

時報悅讀網—http://www.readingtimes.com.tw

電子郵件信箱—ctliving@readingtimes.com.tw

法律顧問—理律法律事務所 陳長文律師、李念祖律師

印　　刷—詠豐印刷股份有限公司

初版一刷—2013年11月22日

定　　價—新台幣300元

國家圖書館出版品預行編目資料

酒之風月：100種雞尾酒調法 / 鍾秀敏作. -- 二版.
-- 臺北市：時報文化, 2013.11
　面；　公分. -- (品味事典)
ISBN 978-957-13-5858-1(平裝)

1.調酒

427.43　　　　　　　　　　　　　　102022288

ISBN：978-957-13-5858-1
Printed in Taiwan